复变函数与积分变换

贾云涛 主 编

张瑞敏 张平 刘汉文 夏炳墅 副主编

清华大学出版社

北京

内 容 简 介

本书主要介绍复数与复变函数、解析函数、复积分、解析函数的幂级数表示和洛朗展式、留数理论及其应用、傅氏变换、拉氏变换等内容,每章配有适量习题供读者选用,书末附有习题参考答案.附录中附有傅氏变换简表和拉氏变换简表,可供学习时查用.

本书适合于高等院校工科各专业,尤其可作为电子工程、通信、自动化、计算机、航空及测控等专业的教材,还可供工程技术人员和相关科技工作者阅读参考.

图书在版编目(CIP)数据

复变函数与积分变换/贾云涛主编.—北京:清华大学出版社,2017(2022.7重印)

ISBN 978-7-302-46989-6

Ⅰ.①复… Ⅱ.①贾… Ⅲ.①复变函数–高等学校–教材 ②积分变换–高等学校–教材

Ⅳ.①O174.5

中国版本图书馆 CIP 数据核字(2017)第 079243 号

责任编辑:汪 操
封面设计:常雪影
责任校对:王淑云
责任印制:刘海龙

出版发行:清华大学出版社
　　　　　网　　　址:http://www.tup.com.cn,http://www.wqbook.com
　　　　　地　　　址:北京清华大学学研大厦 A 座　　　　　邮　　编:100084
　　　　　社 总 机:010-83470000　　　　　　　　　　　　邮　　购:010-62786544
　　　　　投稿与读者服务:010-62776969,c-service@tup.tsinghua.edu.cn
　　　　　质量反馈:010-62772015,zhiliang@tup.tsinghua.edu.cn

印 装 者:小森印刷霸州有限公司
经　　销:全国新华书店
开　　本:170mm×230mm　　　印 张:6.75　　　字　数:122 千字
版　　次:2017 年 4 月第 1 版　　　印 次:2022 年 7 月第 6 次印刷
定　　价:20.00 元

产品编号:072214-01

前　言

复变函数理论在 19 世纪由三位著名的数学家柯西、魏尔斯特拉斯和黎曼奠定了基础. 柯西建立了复变函数的积分理论；魏尔斯特拉斯建立了复变函数的级数理论；黎曼建立了复变函数的几何理论. 20 世纪初，瑞典数学家列夫勒、法国数学家庞加莱和阿达马进一步开拓了复变函数理论的研究领域，为这门学科的发展做出了重要贡献.

复变函数与积分变换是高等学校理工科各专业学生的必修课程，该课程在自然科学和工程技术等领域有着广泛的应用，例如电气工程、通信与控制、信号分析与图像处理、机械系统、流体力学、地质勘探与地震预报等.

随着我国本科教育改革的深入，很多地方高校提出了培养复合型应用人才的目标. 为了满足学生多方面的需要，我们融合了多年来课程建设的实践经验，在参考了大量优秀教材、汲取了很多同仁宝贵经验的基础上编写了本书. 本书基于有限的课时和本科高校的实际教学情况，适当地降低了一些内容的理论深度，对复数与复变函数、解析函数、复积分、解析函数的幂级数表示和洛朗展式、留数理论及其应用、傅氏变换、拉氏变换等内容做了较为系统的介绍. 同时淡化了定理的推导，强调方法的训练，在确保知识体系完整的基础上，删去了一些难度较大和相对独立的内容，力求做到数学过程通俗易懂，结论形式易于运用.

本教材的具体编写分工是：第 1 章由刘汉文编写；第 2 章由张瑞敏编写；第 3 章由贾云涛编写；第 4 章由张平编写；第 5 章由夏炳墅编写. 最后由贾云涛对全书进行统稿.

编者衷心感谢清华大学出版社的大力支持，感谢北京理工大学珠海学院数理与土木工程学院领导和数学教学部全体教师给予的帮助和指导.

由于作者水平有限，书中难免有错漏不当之处，敬请专家、同行和读者批评指正.

编　者
2017 年 2 月

目　录

第1章 预备知识

复变函数就是自变量与因变量均取复数的函数，它是本课程的研究对象；而解析函数是本课程讨论的中心，是复变函数研究的主要对象；复变函数的积分是研究解析函数的一个重要工具，解析函数的许多重要性质是通过复积分证明的. 本章主要论述复变函数、解析函数以及复积分，为后续章节奠定必要基础.

1.1 复数与复变函数

1.1.1 复数的基本概念

我们将形如 $z = x + \mathrm{i}y$ 的数称为复数，其中 i 称为虚数单位，并规定 $\mathrm{i}^2 = -1$ 或 $\mathrm{i} = \sqrt{-1}$；x 与 y 是任意实数，依次称为 z 的实部与虚部，分别表示为

$$\mathrm{Re}\, z = x, \quad \mathrm{Im}\, z = y.$$

当 $y = 0$ 时，$z = x + \mathrm{i}y = x + \mathrm{i} \cdot 0$，我们就认为它是实数 x；当 $x = 0$ 时，$z = x + \mathrm{i}y = 0 + \mathrm{i}y$，我们就认为它为纯虚数，并且写作 $\mathrm{i}y$.

设 $z_1 = x_1 + \mathrm{i}y_1, z_2 = x_2 + \mathrm{i}y_2$ 是两个复数. 如果 $x_1 = x_2, y_1 = y_2$，则称 z_1 与 z_2 相等. 由此得出，对于复数 $z = x + \mathrm{i}y$，$z = 0$ 当且仅当 $x = y = 0$.

设 $z = x + \mathrm{i}y$ 是一个复数，称 $x - \mathrm{i}y$ 为 z 的共轭复数，记作 $\bar{z}$，易知 $\overline{(\bar{z})} = z$.

1.1.2 复数的四则运算

设 $z_1 = x_1 + \mathrm{i}y_1, z_2 = x_2 + \mathrm{i}y_2$ 是两个复数. 定义复数的加法为

$$z_1 + z_2 = (x_1 + x_2) + \mathrm{i}(y_1 + y_2). \tag{1.1}$$

复数的减法是加法的逆运算. 如果存在复数 z 使 $z_1 = z_2 + z$，则 $z = z_1 - z_2$. 因此得

$$z_1 - z_2 = (x_1 - x_2) + \mathrm{i}(y_1 - y_2). \tag{1.2}$$

定义复数的乘法为

$$z_1 \cdot z_2 = (x_1 x_2 - y_1 y_2) + \mathrm{i}(x_1 y_2 + x_2 y_1). \tag{1.3}$$

例如

$$(2 - 3\mathrm{i}) \cdot (4 + 5\mathrm{i}) = \big[2 \cdot 4 - (-3) \cdot 5\big] + \mathrm{i}\big[2 \cdot 5 + (-3) \cdot 4\big] = 23 - 2\mathrm{i},$$

由乘法定义可验证

$$\mathrm{i} \cdot \mathrm{i} = (0 + 1 \cdot \mathrm{i})(0 + 1 \cdot \mathrm{i}) = -1.$$

复数的除法是乘法的逆运算. 当 $z_2 \neq 0$ 时，我们说：" z_1 除以 z_2 得到 z "，意思就是 $z_1 = z_2 \cdot z$.

从这个式子来求 z，记 $z = x + iy$，由于

$$x_1 + iy_1 = \left(x_2 + iy_2\right)\left(x + iy\right) = \left(x_2 x - y_2 y\right) + i\left(x_2 y + xy_2\right),$$

则根据两个复数相等的定义得到

$$x_1 = \left(x_2 x - y_2 y\right), \quad y_1 = \left(x_2 y + xy_2\right),$$

由此解得

$$x = \frac{x_1 x_2 + y_1 y_2}{x_2^2 + y_2^2}, \quad y = \frac{y_1 x_2 - x_1 y_2}{x_2^2 + y_2^2}.$$

这就是说，当 $x_2 + iy_2 \neq 0$ 时，

$$\frac{z_1}{z_2} = \frac{x_1 + iy_1}{x_2 + iy_2} = \frac{x_1 x_2 + y_1 y_2}{x_2^2 + y_2^2} + i\frac{x_2 y_1 - x_1 y_2}{x_2^2 + y_2^2}. \tag{1.4}$$

因为可直接验证

$$z_2 \cdot \overline{z_2} = x_2^2 + y_2^2, \quad z_1 \cdot \overline{z_2} = \left(x_1 x_2 + y_1 y_2\right) + i\left(x_2 y_1 - x_1 y_2\right),$$

从而

$$\frac{z_1}{z_2} = \frac{x_1 + iy_1}{x_2 + iy_2} = \frac{x_1 x_2 + y_1 y_2}{x_2^2 + y_2^2} + i\frac{y_1 x_2 - x_1 y_2}{x_2^2 + y_2^2} = \frac{z_1 \cdot \overline{z_2}}{z_2 \cdot \overline{z_2}},$$

即

$$\frac{x_1 + iy_1}{x_2 + iy_2} = \frac{\left(x_1 + iy_1\right)\left(x_2 - iy_2\right)}{\left(x_2 + iy_2\right)\left(x_2 - iy_2\right)} = \frac{x_1 x_2 + y_1 y_2}{x_2^2 + y_2^2} + i\frac{x_2 y_1 - x_1 y_2}{x_2^2 + y_2^2}.$$

例如

$$\frac{3 - 2i}{2 + 3i} = \frac{\left(3 - 2i\right)\left(2 - 3i\right)}{\left(2 + 3i\right)\left(2 - 3i\right)} = -i.$$

同实数的四则运算一样，复数加法满足结合律与交换律；复数乘法也满足结合律与交换律；加法与乘法满足分配律，这些读者都可自行验证.

下面介绍有关共轭的几个运算性质：

$$\overline{z_1 \pm z_2} = \overline{z_1} \pm \overline{z_2}, \quad \overline{z_1 \cdot z_2} = \overline{z_1} \cdot \overline{z_2}, \quad \overline{\left(\frac{z_1}{z_2}\right)} = \frac{\overline{z_1}}{\overline{z_2}}\left(z_2 \neq 0\right),$$

$$z\overline{z} = x^2 + y^2 = \left(\mathrm{Re}\, z\right)^2 + \left(\mathrm{Im}\, z\right)^2.$$

1.1.3　复平面、复数的模与辐角

一个复数 $x_0 + iy_0$ 可唯一地对应一个有序实数对 (x_0, y_0)，而有序实数对与坐标平面上的点是一一对应的，所以复数 z 全体与坐标平面上的点的全体形成一一对应. 现在我们直接把坐标平面上的点写成 $x_0 + iy_0$（图 1.1），那么横轴上的点就表示实数，纵轴上的点就表示纯虚数，整个坐标平面可称为复（数）平面. 今后索性将复数与复平面上的点不加区分.

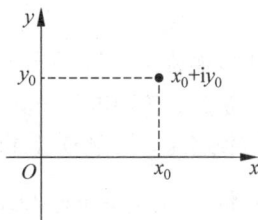

复数除了与平面上的点作成一一对应外，还可以同平面向量（规定向量的起点在原点）作成对应，只要将复数的实部与虚部分别看作向量的水平分量与竖直分量即可. 这样如果 z 是一个不

图　1.1

为 0 的复数，那么就把它所对应向量的长度叫做 z 的模，记作 $|z|$；同时把以正实轴为始边，以表示 z 的向量为终边的角 θ 称为 z 的辐角，记作 $\text{Arg}\, z$. 辐角 $\text{Arg}\, z$ 有无穷多个值，其中任意两个值相差 2π 的整数倍，我们把介于 $-\pi$ 与 π 之间（包括 π）的那一个角称为 z 的主辐角，记作 $\arg z$，所以

$$\text{Arg}\, z = \arg z + 2k\pi \quad （k \text{ 是任意整数}）.$$

由向量的模的定义易得：当 $z = 0$ 时，$|z| = 0$，这时辐角没有意义；当 $z = x + iy \neq 0$ 时，$|z| = \sqrt{x^2 + y^2}$，此时 z 的主辐角 $\arg z$ 与 $\arctan \dfrac{y}{x}$ 的关系如图 1.2.

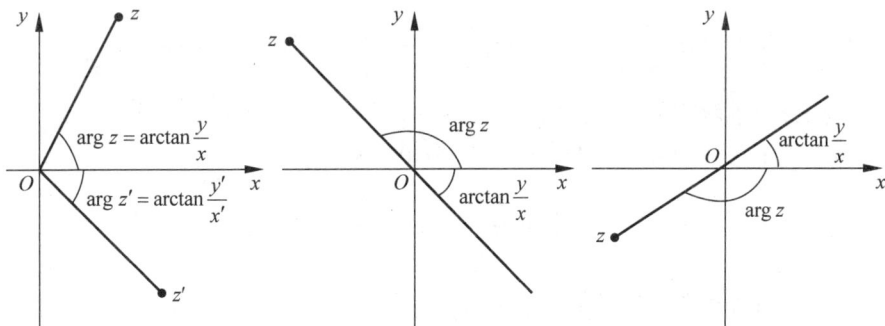

图　1.2

1.1.4　复数的三角表示和复数的乘方与开方

设 z 是一个不为 0 的复数，r 是 z 的模，θ 是 z 的任意一个辐角，利用直角坐标与极坐标的关系 $x = r\cos\theta, y = r\sin\theta$ 还可将复数 $z = x + iy$ 转化为下面形式：

$$z = r(\cos\theta + i\sin\theta).$$

上式右端称为复数的三角表示，显然由于辐角有无穷多种选择，一个复数的三角表示不是唯一的.

利用欧拉公式：$e^{i\theta} = \cos\theta + i\sin\theta$ 又可将复数 z 转化为下面形式：

$$z = re^{i\theta},$$

上式右端称为复数的指数表示.

复数的各种表示形式可以互相转换，以适应讨论不同问题及计算方面的需要.

例 1.1 写出复数 $1+i$ 的三角表示和指数表示.

解 因为 $|1+i| = \sqrt{2}$，$\arg(1+i) = \dfrac{\pi}{4}$，所以 $1+i$ 的三角表示和指数表示可写成

$$1+i = \sqrt{2}\left(\cos\frac{\pi}{4} + i\sin\frac{\pi}{4}\right), \quad 1+i = \sqrt{2}e^{i\frac{\pi}{4}}.$$

如果取 $1+i$ 的辐角为 $\dfrac{9\pi}{4}$，则 $1+i$ 的三角表示也可写成 $1+i = \sqrt{2}\left(\cos\dfrac{9\pi}{4} + i\sin\dfrac{9\pi}{4}\right)$，$1+i$ 的指数表示也可写成 $1+i = \sqrt{2}e^{i\frac{9\pi}{4}}$.

设 $z \neq 0$ 是一复数，n 是一正整数，乘方 z^n 即是 n 个 z 相乘，z 的开 n 次方即 z 的 n 次方根 $z^{\frac{1}{n}}$，是指满足 $\omega^n = z$ 的复数 ω。

若 $z = r(\cos\theta + i\sin\theta)$，则

(1) $z^n = r^n(\cos n\theta + i\sin n\theta)$;

(2) $z^{\frac{1}{n}} = r^{\frac{1}{n}}\left[\cos\left(\dfrac{\theta + 2k\pi}{n}\right) + i\sin\left(\dfrac{\theta + 2k\pi}{n}\right)\right]$，$k = 0, 1, \cdots, n-1$.

例 1.2 求解方程 $z^3 - 2 = 0$.

解 方程 $z^3 - 2 = 0$，即 $z^3 = 2 = 2(\cos 0 + i\sin 0)$，所以

$$z = 2^{\frac{1}{3}} = \sqrt[3]{2}\left(\cos\frac{2k\pi}{3} + i\sin\frac{2k\pi}{3}\right), \quad k = 0, 1, 2.$$

1.1.5 平面曲线的实变量复值函数表示

在高等数学课程中已经知道，平面曲线可以用一对连续函数

$$x = x(t), \quad y = y(t) \quad (a \leqslant t \leqslant b)$$

来表示（称为曲线的参数方程表示）. 现在我们用实变量的复值函数 $z(t)$ 表示，即

$$z = x(t) + iy(t) \quad (a \leqslant t \leqslant b).$$

例如，以原点为中心、以 a 为半径的圆周用实变量的复值函数表示，即为

$$z(t) = a(\cos t + i \sin t) = a e^{it} \quad (0 \leqslant t \leqslant 2\pi).$$

又如，以 z_0 为中心、以 r 为半径的圆周用实变量的复值函数表示，即为

$$z(\theta) = z_0 + r(\cos \theta + i \sin \theta) = z_0 + r e^{i\theta} \quad (0 \leqslant \theta \leqslant 2\pi).$$

再如，平面上连接点 (x_1, y_1) 与 (x_2, y_2) 的直线段其复数形式的参数方程可表示为

$$z = x(t) + iy(t) = x_1 + (x_2 - x_1)t + i(y_1 + (y_2 - y_1)t) = z_1 + (z_2 - z_1)t \quad (0 \leqslant t \leqslant 1).$$

如果曲线 $z = x(t) + iy(t)(a \leqslant t \leqslant b)$ 满足 $x'(t)$ 和 $y'(t)$ 都是连续的，且对于 t 的每一个值都有 $\left[x'(t)\right]^2 + \left[y'(t)\right]^2 \neq 0$，则称曲线在区间 $[a,b]$ 上是光滑的.

1.1.6　复变函数的概念

设 G 是复平面上一点集，如果对于 G 中任意的一点 z，有确定的（一个或多个）复数 w 同它对应，则说在 G 上定义了一个复变函数，记作 $w = f(z)$（定义域与值域等名称都可以从高等数学中移植过来）. 如果对每个 $z \in G$ 有唯一的 w 同它对应，则称 $w = f(z)$ 为单值函数，否则称为多值函数.

例 1.3　对于复数 $z = x + iy$，定义 $w = e^x(\cos y + i \sin y)$，我们称此函数为指数函数，记作 $w = e^z$.

由定义可知：(1) $|e^z| = e^x$，$\text{Arg} e^z = y + 2k\pi$；(2) $e^{z_1} \cdot e^{z_2} = e^{z_1 + z_2}$；(3) $e^{2k\pi i} = 1$，从而 $e^{z + 2k\pi i} = e^z$，因此 e^z 是以 $2k\pi i$ 为周期的函数.

例 1.4　对于复数 $z(z \neq 0)$，我们把满足方程 $e^w = z$ 的函数 $w = f(z)$ 称为对数函数，记作 $w = \text{Ln} z$.

类似地，分别称函数 $\dfrac{e^{iz} + e^{-iz}}{2}$ 与 $\dfrac{e^{iz} - e^{-iz}}{2i}$ 为复变量 z 的余弦函数与正弦函数，分别记作 $\cos z$ 与 $\sin z$，即

$$\cos z = \frac{e^{iz} + e^{-iz}}{2}, \quad \sin z = \frac{e^{iz} - e^{-iz}}{2i}.$$

由于给定了一个复数 $z = x + iy$ 就相当于给定了两个实数 x 和 y，而复数 $w = u + iv$ 亦同样地对应着一对实数 u 和 v，所以复变函数 w 与自变量 z 之间的关系 $w = f(z)$ 相当于两个关系式：

$$u = u(x, y), \quad v = v(x, y),$$

它们确定了自变量为 x 和 y 的两个二元实函数.

1.1.7　复变函数的极限与连续性

定义 1.1　设函数 $w = f(z)$ 在 z_0 的去心邻域 $0 < |z - z_0| < \rho$ 内有定义，若存在确定的复数 $A(A \neq \infty)$，对于任意给定的 $\varepsilon > 0$，总存在一个正数 δ，使得对满

足 $0<|z-z_0|<\delta\,(0<\delta\leqslant\rho)$ 的一切 z，都有 $|f(z)-A|<\varepsilon$，则称 A 为函数 $f(z)$ 当 z 趋向 z_0 时的极限，记作 $\lim\limits_{z\to z_0}f(z)=A$ 或 $f(z)\to A\,(z\to z_0)$.

复变函数极限有类似于实函数极限的性质，例如当 $\lim\limits_{z\to z_0}f(z)=A,\lim\limits_{z\to z_0}g(z)=B$ 时，有

$$\lim_{z\to z_0}\bigl[f(z)\pm g(z)\bigr]=A\pm B,$$

$$\lim_{z\to z_0}f(z)g(z)=AB,$$

$$\lim_{z\to z_0}\frac{f(z)}{g(z)}=\frac{A}{B}\quad(B\neq0).$$

复变函数极限的计算可归结为实数对极限的计算，具体来说，有以下定理：

定理 1.1　设函数 $f(z)=u(x,y)+\mathrm{i}v(x,y)$，$A=u_0+\mathrm{i}v_0$，$z_0=x_0+\mathrm{i}y_0$，则 $\lim\limits_{z\to z_0}f(z)=A$ 的充要条件是

$$\lim_{\substack{x\to x_0\\y\to y_0}}u(x,y)=u_0,\quad\lim_{\substack{x\to x_0\\y\to y_0}}v(x,y)=v_0.$$

证明　必要性. 若 $\lim\limits_{z\to z_0}f(z)=A$，根据极限定义，当 $0<|z-z_0|=\sqrt{(x-x_0)^2+(y-y_0)^2}<\delta$ 时，则有

$$\left|f(z)-A\right|=\left|(u+\mathrm{i}v)-(u_0+\mathrm{i}v_0)\right|=\sqrt{(u-u_0)^2+(v-v_0)^2}<\varepsilon.$$

于是显见，当 $0<\sqrt{(x-x_0)^2+(y-y_0)^2}<\delta$ 时，则有

$$\left|u-u_0\right|<\varepsilon,\quad\left|v-v_0\right|<\varepsilon.$$

即

$$\lim_{\substack{x\to x_0\\y\to y_0}}u(x,y)=u_0,\quad\lim_{\substack{x\to x_0\\y\to y_0}}v(x,y)=v_0.$$

充分性. 当上面两式成立，即当 $0<\sqrt{(x-x_0)^2+(y-y_0)^2}<\delta$ 时，就有

$$\left|u-u_0\right|<\frac{\varepsilon}{2},\quad\left|v-v_0\right|<\frac{\varepsilon}{2},$$

于是便有当 $0<|z-z_0|<\delta$ 时，

$$\left|f(z)-A\right|=\left|(u+\mathrm{i}v)-(u_0+\mathrm{i}v_0)\right|\leqslant\left|u-u_0\right|+\left|v-v_0\right|<\varepsilon,$$

即

$$\lim_{z\to z_0}f(z)=A.\qquad\square$$

定义 1.2　如果 $\lim\limits_{z \to z_0} f(z) = f(z_0)$ 成立，则称 $f(z)$ 在 z_0 处连续. 如果 $f(z)$ 在区域 D 中每一点都连续，则称 $f(z)$ 在 D 内连续.

1.2　解析函数

1.2.1　复变函数的导数

定义 1.3　设函数 $w = f(z)$ 在 z_0 点的某邻域内有定义，$z_0 + \Delta z$ 是邻域内任一点，$\Delta w = f(z_0 + \Delta z) - f(z_0)$，如果 $\lim\limits_{\Delta z \to 0} \dfrac{\Delta w}{\Delta z} = \lim\limits_{\Delta z \to 0} \dfrac{f(z_0 + \Delta z) - f(z_0)}{\Delta z}$ 存在有限的极限值 A，则称 $f(z)$ 在 z_0 处可导；A 记作 $f'(z)$ 或 $\left. \dfrac{\mathrm{d}w}{\mathrm{d}z} \right|_{z=z_0}$，即

$$\left. \frac{\mathrm{d}w}{\mathrm{d}z} \right|_{z=z_0} = \lim_{\Delta z \to 0} \frac{f(z_0 + \Delta z) - f(z_0)}{\Delta z}. \tag{1.5}$$

此时也称 $f(z)$ 在 z_0 处可微.

由定义易知，如果 $f(z)$ 在 z_0 处可导（或可微），则 $f(z)$ 在 z_0 处连续.

例 1.5　证明：函数 $f(z) = |z|^2$ 在 $z = 0$ 处可导，且导数等于 0.

证明　看商式 $\dfrac{f(z) - f(0)}{z - 0} = \dfrac{|z|^2}{z} = \bar{z}$，当 $z \to 0$ 时，$\bar{z} \to 0$，故 $f(z)$ 在 $z = 0$ 处可导且导数等于 0. □

1.2.2　解析函数的概念与求导法则

定义 1.4　如果 $f(z)$ 在 z_0 及 z_0 的邻域内处处可导，则称 $f(z)$ 在 z_0 处解析；如果 $f(z)$ 在区域 D 内每一点解析，则称 $f(z)$ 在 D 内解析，或说 $f(z)$ 是 D 内的解析函数；如果 $f(z)$ 在 z_0 处不解析，则称 z_0 为 $f(z)$ 的奇点.

由定义可知，若函数在一点解析，则一定在该点可导，反之则不一定. 但是函数在区域内解析与在区域内处处可导是等价的.

由于复变函数的导数定义在形式上类似于高等数学中单元实函数导数的定义，因此用高等数学中类似的方法就可以证明下述各求导法则.

1. 四则运算法则

设 $f(z)$ 和 $g(z)$ 都是区域 D 上的解析函数，则 $f(z) \pm g(z)$，$f(z)g(z)$ 以及 $\dfrac{f(z)}{g(z)}(g(z) \neq 0)$ 在 D 上为解析，且有

$$\left[f(z) \pm g(z)\right]' = f'(z) \pm g'(z), \quad \left[f(z)g(z)\right]' = f'(z)g(z) + f(z)g'(z),$$

$$\left[\frac{f(z)}{g(z)}\right]' = \frac{f'(z)g(z) - f(z)g'(z)}{\left[g(z)\right]^2}.$$

此外，容易知道 $(C)' = 0$，$(z^n)' = nz^{n-1}$（n 为自然数），$\left[kf(z)\right]' = kf'(z)$.

2. 复合函数的求导法则

设函数 $\xi = f(z)$ 在区域 D 内解析，函数 $w = g(\xi)$ 在区域 G 内解析，又 $f(D) \subset G$（$f(D)$ 表示函数 $\xi = f(z)$ 的值域，也就是区域 D 的像），则复合函数 $w = g(f(z)) = h(z)$ 在 D 内解析，且有 $h'(z) = g'(f(z))f'(z)$.

3. 反函数的求导法则

设函数 $w = f(z)$ 在区域 D 内为解析且 $f'(z) \neq 0$，又反函数 $z = f^{-1}(w) = \varphi(w)$ 存在且连续，则 $\varphi'(w) = \dfrac{1}{f'(\varphi(w))}$.

1.2.3　解析函数的一个充分必要条件

设函数 $w = f(z)$ 在区域 D 内为解析，根据复变函数与二元实变函数的联系，我们自然要问：作为解析函数的实部与虚部的两个二元函数有什么特性？下面的定理回答了这个问题.

定理 1.2　函数 $f(z) = u(x, y) + iv(x, y)$ 在 $z = x + iy$ 处可导的充要条件是 $u(x, y)$，$v(x, y)$ 在点 (x, y) 处可微，而且满足柯西-黎曼方程（简称 C-R 方程）：

$$\frac{\partial u}{\partial x} = \frac{\partial v}{\partial y}, \quad \frac{\partial u}{\partial y} = -\frac{\partial v}{\partial x} \quad \text{且} \quad f'(z) = \frac{\partial u}{\partial x} + i\frac{\partial v}{\partial x}. \tag{1.6}$$

定理 1.3　函数 $f(z) = u(x, y) + iv(x, y)$ 在区域 D 内解析（即在 D 内可导）的充要条件是 $u(x, y)$，$v(x, y)$ 在 D 内处处可微，而且满足 C-R 方程.

推论　设 $f(z) = u(x, y) + iv(x, y)$ 在区域 D 内有定义，如果在 D 内 $u(x, y)$ 和 $v(x, y)$ 的四个偏导数 u'_x, u'_y, v'_x, v'_y 存在且连续，并且满足 C-R 方程，则 $f(z)$ 在 D 内解析.

证明　由于 $u(x, y)$ 和 $v(x, y)$ 具有一阶连续偏导数，因而 $u(x, y)$ 和 $v(x, y)$ 在 D 内可微，由定理 1.2 知 $f(z)$ 在 D 内解析.　　　　　　□

例 1.6　讨论下列函数的可导性和解析性.

（1）$w = z^2$；（2）$w = e^z$.

解　（1）因为 $w = z^2 = x^2 - y^2 + 2xy\mathrm{i}$，所以 $u = x^2 - y^2; v = 2xy$，且

$$\frac{\partial u}{\partial x} = 2x, \quad \frac{\partial u}{\partial y} = -2y, \quad \frac{\partial v}{\partial x} = 2y, \quad \frac{\partial v}{\partial y} = 2x.$$

从而满足 C-R 方程，因上面四个一阶偏导数均连续，故 $w = z^2$ 在复平面上处处解析.

（2）因为 $w = e^z = e^x \left(\cos y + \mathrm{i} \sin y \right)$，所以 $u = e^x \cos y$，$v = e^x \sin y$，且

$$\frac{\partial u}{\partial x} = e^x \cos y, \quad \frac{\partial u}{\partial y} = -e^x \sin y, \quad \frac{\partial v}{\partial x} = e^x \sin y, \quad \frac{\partial v}{\partial y} = e^x \cos y.$$

从而满足 C-R 方程，因上面四个一阶偏导数均连续，故 $w = e^z$ 在复平面上处处解析.

（3）因为 $\sin z = \dfrac{e^{\mathrm{i}z} - e^{-\mathrm{i}z}}{2\mathrm{i}}$，根据复合函数求导法则及四则求导法则易证 $w = \sin z$ 在复平面上处处解析，且 $(\sin z)' = \cos z$.

同样可知 $w = \sin z$，$w = \cos z$ 都在复平面上处处解析，验证留给读者完成.

1.3　复变函数的积分

1.3.1　复积分的定义与计算

定义 1.5　设 C 是平面上一条光滑的简单曲线，其起点为 A，终点为 B（图1.3），函数 $f(z) = u(x, y) + \mathrm{i}v(x, y)$ 在 C 上有定义，把曲线 C 任意分成 n 个小弧段，设分点为 $A = z_0, z_1, \cdots, z_{n-1}, z_n = B$，其中 $z_k = x_k + \mathrm{i}y_k (k = 0, 1, 2, \cdots, n)$，在每个小弧段 $\overparen{z_{k-1}z_k}$ 上任取一点 $\zeta_k = \xi_k + \mathrm{i}\eta_k$，作和式 $\sum\limits_{k=1}^{n} f(\zeta_k) \Delta z_k$，其中 $\Delta z_k = z_k - z_{k-1} = \Delta x_k + \mathrm{i}\Delta y_k$.

设 $\lambda = \max\limits_{1 \le k \le n} |\Delta z_k|$，当 $\lambda \to 0$ 时，如果和式的极限存在，且此极限值不依赖 ζ_k 的选择，也不依赖对 C 的分法，那么就称此极限为 $f(z)$ 沿曲线 C 自 A 到 B 的复积分，记作

$$\int_C f(z)\mathrm{d}z = \lim_{\lambda \to 0} \sum_{k=1}^{n} f(\zeta_k) \Delta z_k. \tag{1.7}$$

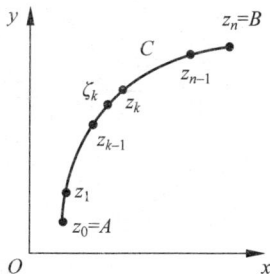

图　1.3

沿 C 负方向（即由 B 到 A）的积分则记作 $\int_{C^-} f(z)\mathrm{d}z$，当 C 为闭曲线，那么此闭曲线的积分就记作 $\oint_C f(z)\mathrm{d}z$（C 正方向为逆时针方向）.

定理 1.4　设 $f(z) = u(x,y) + \mathrm{i}v(x,y)$ 在光滑曲线 C 上连续，则复积分 $\int_C f(z)\mathrm{d}z$ 存在，且可以表示为

$$\int_C f(z)\mathrm{d}z = \int_C u(x,y)\mathrm{d}x - v(x,y)\mathrm{d}y + \mathrm{i}\int_C v(x,y)\mathrm{d}x + u(x,y)\mathrm{d}y. \tag{1.8}$$

证明　将 $\sum_{k=1}^{n} f(\zeta_k)\Delta z_k$ 的实部和虚部分开，得

$$\begin{aligned}
\sum_{k=1}^{n} f(\zeta_k)\Delta z_k &= \sum_{k=1}^{n}\left[u(\xi_k,\eta_k) + \mathrm{i}v(\xi_k,\eta_k)\right](\Delta x_k + \mathrm{i}\Delta y_k) \\
&= \sum_{k=1}^{n}\left[u(\xi_k,\eta_k)\Delta x_k - v(\xi_k,\eta_k)\Delta y_k\right] + \mathrm{i}\sum_{k=1}^{n}\left[v(\xi_k,\eta_k)\Delta x_k + u(\xi_k,\eta_k)\Delta y_k\right].
\end{aligned}$$

由于 $f(z)$ 在 C 上连续，从而 u,v 在 C 上连续，当 $\lambda \to 0$ 时，有 $\max\limits_{1\leqslant k\leqslant n}|\Delta x_k| \to 0$ 和 $\max\limits_{1\leqslant k\leqslant n}|\Delta y_k| \to 0$，于是上式右端极限存在，且有

$$\int_C f(z)\mathrm{d}z = \int_C u(x,y)\mathrm{d}x - v(x,y)\mathrm{d}y + \mathrm{i}\int_C v(x,y)\mathrm{d}x + u(x,y)\mathrm{d}y. \qquad \square$$

式 (1.8) 说明了两个问题：

（1）当 $f(z)$ 是连续函数而 C 是光滑曲线时，积分 $\int_C f(z)\mathrm{d}z$ 一定存在；

（2）$\int_C f(z)\mathrm{d}z$ 可以通过两个二元实变函数的线积分来计算.

利用式 (1.8) 还可把复积分化为普通的定积分，设曲线 C 的参数方程为 $z(t) = x(t) + \mathrm{i}y(t)(a\leqslant t\leqslant b)$，将它代入式 (1.8) 右端得

$$\int_C f(z)\mathrm{d}z = \int_a^b f\left[z(t)\right]z'(t)\mathrm{d}t. \tag{1.9}$$

例 1.7　计算 $\oint_C \dfrac{\mathrm{d}z}{(z-z_0)^n}$，其中 n 为任意整数，C 为以 z_0 为中心、r 为半径的圆周.

解　C 的参数方程为 $z = z_0 + r\mathrm{e}^{\mathrm{i}\theta}, 0\leqslant\theta\leqslant 2\pi$，由式 (1.9) 得

$$\begin{aligned}
\oint_C \frac{\mathrm{d}z}{(z-z_0)^n} &= \int_0^{2\pi} \frac{\mathrm{i}r\mathrm{e}^{\mathrm{i}\theta}}{r^n\mathrm{e}^{\mathrm{i}n\theta}}\mathrm{d}\theta = \frac{\mathrm{i}}{r^{n-1}}\int_0^{2\pi} \mathrm{e}^{-\mathrm{i}(n-1)\theta}\mathrm{d}\theta \\
&= \frac{\mathrm{i}}{r^{n-1}}\int_0^{2\pi} \cos[(n-1)\theta]\mathrm{d}\theta - \frac{\mathrm{i}}{r^{n-1}}\int_0^{2\pi} \sin[(n-1)\theta]\mathrm{d}\theta \\
&= \begin{cases} 2\pi\mathrm{i}, & n=1, \\ 0, & n\neq 1. \end{cases}
\end{aligned}$$

此例的结果很重要，以后经常要用到. 以上结果与积分路径圆周的中心和半径无关.

例 1.8 计算 $\int_C z\mathrm{d}z$ ，其中 C 为从原点到点 $3+4\mathrm{i}$ 的直线段.

解 直线段 C 的方程可写作 $z = 3t + \mathrm{i}4t\left(0 \leqslant t \leqslant 1\right)$. 在 C 上， $z = \left(3+4\mathrm{i}\right)t$, $\mathrm{d}z = \left(3+4\mathrm{i}\right)\mathrm{d}t$ ，于是

$$\int_C z\mathrm{d}z = \int_0^1 \left(3+4\mathrm{i}\right)^2 t\mathrm{d}t = \frac{1}{2}\left(3+4\mathrm{i}\right)^2 = -\frac{7}{2}+12\mathrm{i}.$$

1.3.2 复积分的基本性质

由式 (1.8) 知道，复积分的实部和虚部都是曲线积分，因此，曲线积分的一些基本性质对复积分也成立：

（1） $\int_C kf\left(z\right)\mathrm{d}z = k\int_C f\left(z\right)\mathrm{d}z$ ，其中 k 为复常数；

（2） $\int_C f\left(z\right)\mathrm{d}z = -\int_{C^-} f\left(z\right)\mathrm{d}z$ ；

（3） $\int_C \left[f\left(z\right) \pm g\left(z\right)\right]\mathrm{d}z = \int_C f\left(z\right)\mathrm{d}z \pm \int_C g\left(z\right)\mathrm{d}z$ ；

（4） $\int_{C_1+C_2} f\left(z\right)\mathrm{d}z = \int_{C_1} f\left(z\right)\mathrm{d}z + \int_{C_2} f\left(z\right)\mathrm{d}z$ ；

（5） $\left|\int_C f\left(z\right)\mathrm{d}z\right| \leqslant \int_C \left|f\left(z\right)\right|\mathrm{d}s$ （注：右端是 $\left|f\left(z\right)\right|$ 沿曲线 C 的第一型曲线积分）. 性质（1）～（4）的证明只要利用复积分定义，或者把曲线积分的有关性质移过来就可以了，下证明性质（5），事实上，由于

$$\left|\sum_{k=1}^n f\left(\zeta_k\right)\Delta z_k\right| \leqslant \sum_{k=1}^n \left|f\left(\zeta_k\right)\right|\left|\Delta z_k\right| \leqslant \sum_{k=1}^n \left|f\left(\zeta_k\right)\right|\Delta s_k，其中 \Delta s_k 是小弧段 \overset{\frown}{z_{k-1}z_k} 的$$

长， $\left|\Delta z_k\right| = \sqrt{\Delta x_k^2 + \Delta y_k^2} \leqslant \Delta s_k$ ，将此不等式两边取极限即得

$$\left|\int_C f\left(z\right)\mathrm{d}z\right| \leqslant \int_C \left|f\left(z\right)\right|\mathrm{d}s.$$

1.3.3 柯西积分定理

既然复变函数积分可以转化为实函数线积分，而在高等数学中我们讨论了实函数线积分与路线关系问题，那么复积分的积分值与路线有什么关系呢？

定理 1.5（柯西积分定理） 设函数 $f\left(z\right)$ 在单连通区域 D 内解析，则 $f\left(z\right)$ 在 D 内沿任意一条简单闭曲线 C 的积分 $\int_C f\left(z\right)\mathrm{d}z = 0$.

证明 因 $f\left(z\right)$ 在 D 内解析，故 $f'\left(z\right)$ 存在. 下面在 $f'\left(z\right)$ 连续的假设下证明

定理结论（完全的证明从略），因 u 与 v（$f = u + \mathrm{i}v$）的一阶偏导存在且连续，故应用格林公式得

$$\int_C f(z)\mathrm{d}z = \int_C u\mathrm{d}x - v\mathrm{d}y + \mathrm{i}\int_C v\mathrm{d}x + u\mathrm{d}y$$

$$= -\iint_G \left(\frac{\partial v}{\partial x} + \frac{\partial u}{\partial y}\right)\mathrm{d}x\mathrm{d}y + \mathrm{i}\iint_G \left(\frac{\partial u}{\partial x} - \frac{\partial v}{\partial y}\right)\mathrm{d}x\mathrm{d}y,$$

其中 G 为简单闭曲线 C 所围区域，由于 $f(z)$ 在 D 内解析，C-R 方程成立，因此

$$\int_C f(z)\mathrm{d}z = 0. \qquad \square$$

注 可以证明，如果 C 是区域 D 的边界，$f(z)$ 在 D 内解析，在闭区域 $\overline{D}$ 上连续，那么定理依然成立.

定理 1.6 设函数 $f(z)$ 在单连通区域 D 内解析，z_0 与 z_1 为 D 内任意两点，C_1 与 C_2 为连接 z_0 与 z_1 的积分路线，C_1，C_2 都含于 D，则 $\int_{C_1} f(z)\mathrm{d}z = \int_{C_2} f(z)\mathrm{d}z$，即当 f 为 D 的解析函数时积分与路线无关，而仅由积分的起点与终点来确定.

例 1.9 计算积分 $\int_C \sin z\mathrm{d}z$，其中 C 是圆周 $|z - 1| = 1$ 的上半圆，走向从 0 到 2.

解 因 $\sin z$ 是全平面上的解析函数，由柯西积分定理，它的积分与路线无关，于是可以换一条路线，例如取 C_1 为沿实轴从 0 到 2，这样便有

$$\int_C \sin z\mathrm{d}z = \int_{C_1} \sin z\mathrm{d}z = \int_0^2 \sin x\mathrm{d}x = 1 - \cos 2.$$

定理 1.7（闭路变形原理） 设 C_1 与 C_2 是两条简单闭曲线，C_2 在 C_1 的内部，$f(z)$ 在 C_1 与 C_2 所围的二连域 D 内解析，而在 $\overline{D} = D + C_1 + C_2$ 上连续（图 1.4），则

$$\oint_{C_1} f(z)\mathrm{d}z = \oint_{C_2} f(z)\mathrm{d}z. \qquad (1.10)$$

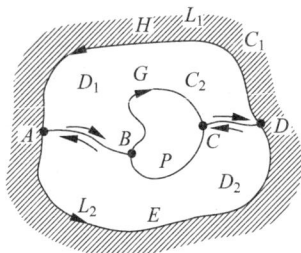

图 1.4

证明 在 D 内作简单光滑弧 $\overset{\frown}{AB}$ 和 $\overset{\frown}{CD}$，连接 C_1 与 C_2（图 1.4），将 D 分成两个单连通区域 D_1 与 D_2，D_1 以 $ABGCDHA$ 为边界，记作 L_1；D_2 以 $AEDCPBA$ 为边界，记作 L_2. 根据定理的条件，$f(z)$ 在 $\overline{D_1}$ 与 $\overline{D_2}$ 上连续，而在 D_1 与 D_2 内解析，由定理 1.5 得

$$\oint_{L_1} f(z)\mathrm{d}z = 0, \quad \oint_{L_2} f(z)\mathrm{d}z = 0.$$

又由于

$$\int_{\overset{\frown}{AB}} f(z)\mathrm{d}z + \int_{\overset{\frown}{BA}} f(z)\mathrm{d}z = 0, \quad \int_{\overset{\frown}{CD}} f(z)\mathrm{d}z + \int_{\overset{\frown}{DC}} f(z)\mathrm{d}z = 0,$$

于是有

$$\oint_{C_1} f(z)\mathrm{d}z + \oint_{C_2^-} f(z)\mathrm{d}z = 0,$$

即式 (1.10) 成立. □

推论（复合闭路定理）　设 C 为多连通域 D 内的一条简单闭曲线，$C_1, C_2, \cdots, C_n$ 是在 C 内部的简单闭曲线，它们互不包含也互不相交，并且以 $C, C_1, C_2, \cdots, C_n$ 为边界的区域全含于 D（图 1.5）. 如果 $f(z)$ 在 D 内解析，则有

$$\oint_C f(z)\mathrm{d}z = \sum_{k=1}^{n} \oint_{C_k} f(z)\mathrm{d}z . \tag{1.11}$$

其中 C 及 C_k 均取正方向.

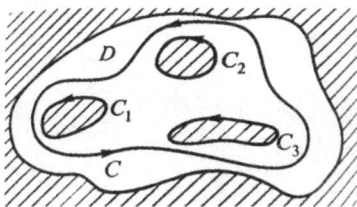

图　1.5

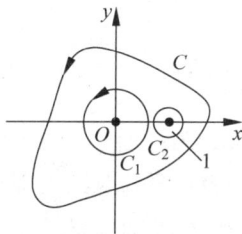

图　1.6

例 1.10　计算 $\oint_C \dfrac{2z-1}{z^2-z}\mathrm{d}z$ ，其中 C 为包含 0 与 1 的简单闭曲线.

解　设 C_1 与 C_2 是 C 内互不相交也互不包含的圆周. 函数 $\dfrac{2z-1}{z^2-z}$ 有两个奇点：$z=0$ 及 $z=1$. C_1 只包含 $z=0$，C_2 只包含 $z=1$（图 1.6）.

则由复合闭路定理得

$$\oint_C \frac{2z-1}{z^2-z}\mathrm{d}z = \oint_{C_1} \frac{2z-1}{z^2-z}\mathrm{d}z + \oint_{C_2} \frac{2z-1}{z^2-z}\mathrm{d}z$$

$$= \oint_{C_1} \frac{1}{z}\mathrm{d}z + \oint_{C_1} \frac{1}{z-1}\mathrm{d}z + \oint_{C_2} \frac{1}{z}\mathrm{d}z + \oint_{C_2} \frac{1}{z-1}\mathrm{d}z$$

$$= 2\pi\mathrm{i} + 0 + 0 + 2\pi\mathrm{i} = 4\pi\mathrm{i}.$$

1.3.4　柯西积分公式

设 $f(z)$ 在以圆 $C:|z-z_0|=\rho_0\,(0<\rho_0<+\infty)$ 为边界的闭圆盘上解析，由柯西定理，$f(z)$ 沿 C 的积分为零，考虑积分 $I = \oint_C \dfrac{f(z)}{z-z_0}\mathrm{d}z$. 由于被积函数在 C 上连续，则积分 I 必然存在；但因 $\dfrac{f(z)}{z-z_0}$ 在上述闭圆盘上不是解析的，所以 I 的值

不一定为零，例如由例 1.7，可知在 $f(z)=1$ 时，$I=2\pi i$.

现考虑 $f(z)$ 为解析函数的情况. 作以 z_0 为心、以 $\rho(0<\rho<\rho_0)$ 为半径的圆 C_ρ，由定理 1.7 知，$\oint_C \dfrac{f(z)}{z-z_0}\mathrm{d}z = \oint_{C_\rho} \dfrac{f(z)}{z-z_0}\mathrm{d}z$. 上式对满足 $0<\rho<\rho_0$ 的任何 ρ 成立. 由此可见，I 的值只与 $f(z)$ 在 z_0 点邻近的值有关，因此有以下定理.

定理 1.8 设 $f(z)$ 在简单闭曲线 C 所围成的区域 D 内解析，在 $\overline{D}=D\cup C$ 上连续，z_0 是 D 内任一点，则

$$f(z_0)=\frac{1}{2\pi i}\oint_C \frac{f(z)}{z-z_0}\mathrm{d}z. \tag{1.12}$$

证明 $F(z)=\dfrac{f(z)}{z-z_0}$ 在 D 内除点 $z=z_0$ 外均解析. 现以点 z_0 为中心、以充分小的 $\rho>0$ 为半径作圆 $L:|z-z_0|=\rho$，使 L 及其内部均含于 D 内（图 1.7）.

在 C 与 L 所围成的区域上应用定理 1.7，得

$$\oint_C \frac{f(z)}{z-z_0}\mathrm{d}z = \oint_L \frac{f(z)}{z-z_0}\mathrm{d}z.$$

因 $f(z)$ 在 z_0 处连续，则对任意给定的 $\varepsilon>0$，存在 $\delta>0$，使当 $|z-z_0|=\rho<\delta$ 时，就有 $|f(z)-f(z_0)|<\varepsilon$. 由此，

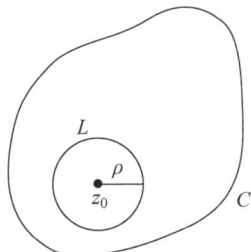

图 1.7

$$\oint_L \frac{f(z)}{z-z_0}\mathrm{d}z = \oint_L \frac{f(z)-f(z_0)+f(z_0)}{z-z_0}\mathrm{d}z$$

$$= f(z_0)\oint_L \frac{1}{z-z_0}\mathrm{d}z + \oint_L \frac{f(z)-f(z_0)}{z-z_0}\mathrm{d}z.$$

而

$$f(z_0)\oint_L \frac{1}{z-z_0}\mathrm{d}z = 2\pi i f(z_0), \quad \left|\oint_L \frac{f(z)-f(z_0)}{z-z_0}\mathrm{d}z\right| < \frac{\varepsilon}{\rho}2\pi\rho = 2\pi\varepsilon,$$

故

$$\left|\oint_L \frac{f(z)}{z-z_0}\mathrm{d}z - 2\pi i f(z_0)\right| < 2\pi\varepsilon.$$

即得证.

例 1.11 求积分 $\oint_{|z|=2} \dfrac{z}{(9-z^2)(z+i)} \mathrm{d}z$ 的值.

解 $\oint_{|z|=2} \dfrac{z}{(9-z^2)(z+i)} \mathrm{d}z = \oint_{|z|=2} \dfrac{\dfrac{z}{9-z^2}}{z-(-i)} \mathrm{d}z = 2\pi i \left. \dfrac{z}{9-z^2} \right|_{z=-i} = \dfrac{\pi}{5}.$

本章小结

本章学习了复数概念、复数运算及其表示；复变函数概念及其极限、连续；解析函数的概念及解析函数的判别法；复变函数积分概念及柯西积分定理等内容，这些内容是学习后续内容的基础.

学习本章的要点如下：

（1）必须熟练地掌握用复数的三角表示式进行运算的技能，要正确理解辐角的多值性；

（2）正确理解复变函数与之有关的概念；

（3）掌握 C-R 条件是判断函数可微和解析的主要条件，函数 $f(z)$ 在区域 D 内可导等价于函数 $f(z)$ 在区域 D 内解析，但 $f(z)$ 在一点 z_0 可微却不等于 $f(z)$ 在 z_0 解析；

（4）必须理解和掌握柯西积分定理，柯西积分定理揭示了区域与沿其内任一闭曲线积分的联系，进而得到柯西积分公式，使得闭区域上点的函数值与其边界上的积分相联系，从而揭示了解析函数的一些内在联系.

习题 1

1.1 计算下列各式：

（1）$(1+i)-(3-2i)$；（2）$(a-bi)^2$；（3）$\dfrac{i}{(i-1)(i-2)}$；

（4）$\dfrac{z-1}{z+1}$ $(z=x+iy \neq -1)$.

1.2 将直线方程 $ax+by+c=0$ $(a^2+b^2 \neq 0)$ 写成复数形式（提示：记 $x+iy=z$）.

1.3 将圆周方程 $a(x^2+y^2)+bx+cy+d=0$ $(a \neq 0)$ 写成复数形式（即用 z 与 $\bar{z}$ 来表示，其中 $z=x+iy$）.

1.4 求下列复数的模与辐角主值：

（1）$\sqrt{3}+i$；（2）$-1-i$；（3）$2-i$；（4）$-1+3i$.

1.5 将下列复数写成三角和指数表示式：

（1）$-3+2i$；（2）$\sin\alpha+i\cos\alpha$；（3）$-\sin\dfrac{\pi}{6}-i\cos\dfrac{\pi}{6}$.

1.6 用复参数方程表示下列各曲线：

（1）连接 $1+i$ 与 $-1-4i$ 的直线段；

（2）以 0 为中心、焦点在实轴上、长半轴为 a、短半轴为 b 的椭圆周.

1.7 试证：$\lim\limits_{z\to 0}\dfrac{\operatorname{Re}z}{z}$ 不存在.

1.8 确定下列函数的解析区域和奇点，并求出导数：

（1）$\dfrac{1}{z^2-1}$；（2）$\dfrac{az+b}{cz+d}$（c，d 至少一个不为零）.

1.9 下列函数在何处可导？何处不可导？何处解析？何处不解析？

（1）$f(z)=\bar{z}z^2$；（2）$f(z)=x^2+iy^2$；（3）$f(z)=x^3-3xy^2+i\left(3x^2y-y^3\right)$.

1.10 计算积分 $\oint_C\dfrac{\bar{z}}{|z|}\mathrm{d}z$ 的值，其中 C 为（1）$|z|=2$；（2）$|z|=4$.

1.11 用观察法确定下列积分的值，并说明理由（C 为 $|z|=1$）.

（1）$\oint_C\dfrac{1}{z^2+4z+4}\mathrm{d}z$；（2）$\oint_C\dfrac{1}{\cos z}\mathrm{d}z$；（3）$\oint_C\dfrac{1}{z-\dfrac{1}{2}}\mathrm{d}z$.

1.12 求积分 $\int_C\dfrac{e^z}{z}\mathrm{d}z$ 的值，其中 C 为由正向圆周 $|z|=2$ 与负向圆周 $|z|=1$ 所组成.

1.13 计算 $\oint_C\dfrac{1}{z^2-z}\mathrm{d}z$，其中 C 为圆周 $|z|=2$.

1.14 计算 $\oint_{|z|=3}\dfrac{1}{(z-i)(z+2)}\mathrm{d}z$.

1.15 计算下列积分：

（1）$\oint_{|z-2|=1}\dfrac{e^z}{z-2}\mathrm{d}z$；（2）$\oint_{|z|=2}\dfrac{2z^2-z+1}{z-1}\mathrm{d}z$.

第 2 章　解析函数的级数表示

本章将用级数的方法研究解析函数的性质. 首先讨论复数项级数, 然后讨论复变函数项级数, 重点是讨论幂级数和由正、负整次幂项组成的洛朗级数, 并围绕如何将解析函数展开成幂级数或洛朗级数这一中心内容进行. 这两类级数在解决各种实际问题中有着广泛的应用, 它是研究零点、奇点 (特别是极点) 的有力工具. 学习本章最好能结合复习高等数学的级数部分, 用对比的方式进行.

2.1　复数项级数

2.1.1　复数序列的极限

同高等数学中实数列的 ($\varepsilon\text{-}N$) 极限定义类似.

定义 2.1　设 $\{z_n\}(n=1,2,\cdots)$ 为一复数列, 其中 $z_n = x_n + \mathrm{i}y_n$, 又设 $z_0 = x_0 + \mathrm{i}y_0$ 为一确定的复数. 若对 $\forall \varepsilon > 0, \exists N \in \mathbf{Z}^+$, 使当 $n > N$ 时, 总有 $|z_n - z_0| < \varepsilon$ 成立, 则称复数列 $\{z_n\}$ 收敛于复数 z_0, 或称 $\{z_n\}$ 以 z_0 为极限, 记作

$$\lim_{n \to \infty} z_n = z_0 \quad \text{或} \quad z_n \to z_0 \ (n \to \infty).$$

如果序列 $\{z_n\}$ 不收敛, 则称 $\{z_n\}$ 发散, 或者说它是发散序列.

定理 2.1　设 $z_0 = x_0 + \mathrm{i}y_0$, $z_n = x_n + \mathrm{i}y_n \ (n = 1,2,\cdots)$, 则 $\lim\limits_{n \to \infty} z_n = z_0$ 的充分必要条件是

$$\lim_{n \to \infty} x_n = x_0, \quad \lim_{n \to \infty} y_n = y_0.$$

证明　必要性 ($\Rightarrow$) 由 $|x_n - x_0| \leqslant |z_n - z_0|$ 及 $|y_n - y_0| \leqslant |z_n - z_0|$ 可证得.

充分性 ($\Leftarrow$) 由 $|z_n - z_0| \leqslant |x_n - x_0| + |y_n - y_0|$ 可证得.　　　　□

2.1.2　复数项级数

定义 2.2　设 $\{z_n\}(n = 1,2,\cdots)$ 为一复数序列, 表达式

$$\sum_{k=1}^{\infty} z_k = z_1 + z_2 + \cdots + z_n + \cdots \tag{2.1}$$

称为**复数项无穷级数**.

称 $S_n = z_1 + z_2 + \cdots + z_n \ (n = 1,2,\cdots)$ 为它的部分和序列. 若 $\lim\limits_{n \to \infty} S_n = S$ (有限复数), 则称级数是收敛的, S 称为级数的和; 否则, 称级数 (2.1) 发散.

例 2.1 当 $|z|<1$ 时，判断级数 $1+z+z^2+\cdots+z^n+\cdots$ 是否收敛？

解 部分和

$$S_n = 1 + z + z^2 + \cdots + z^n = \frac{1}{1-z} - \frac{z^{n+1}}{1-z},$$

由于 $|z|<1$，所以 $\lim\limits_{n\to\infty}|z|^{n+1}=0$，因而

$$\lim_{n\to\infty}\left|\frac{z^{n+1}}{1-z}\right| = \lim_{n\to\infty}\frac{|z|^{n+1}}{|1-z|} = 0.$$

于是

$$\lim_{n\to\infty}\frac{z^{n+1}}{1-z} = 0,$$

故 $\lim\limits_{n\to\infty}S_n = \dfrac{1}{1-z}$ 存在. 这就是说，当 $|z|<1$ 时，级数 $1+z+z^2+\cdots+z^n+\cdots$ 收敛，且和为 $\dfrac{1}{1-z}$.

定理 2.2 设 $S_n = \sum\limits_{k=1}^{n}z_k = \sum\limits_{k=1}^{n}x_k + \mathrm{i}\sum\limits_{k=1}^{n}y_k$，则级数 (2.1) 收敛的充分必要条件是：级数 $\sum\limits_{n=1}^{\infty}x_n$ 和 $\sum\limits_{n=1}^{\infty}y_n$ 都收敛.

有了此定理，就可将复数项级数的收敛与发散问题转化为实数项级数的收敛与发散问题.

定理 2.3 级数 (2.1) 收敛的必要条件是

$$\lim_{n\to\infty}z_n = \lim_{n\to\infty}\left(x_n + \mathrm{i}y_n\right) = 0.$$

定理 2.4 如果 $\sum\limits_{n=1}^{\infty}|z_n|$ 收敛，则 $\sum\limits_{n=1}^{\infty}z_n$ 也收敛.

证明 由于

$$|x_n| \leqslant \sqrt{x_n^2 + y_n^2} = |z_n|, \qquad |y_n| \leqslant \sqrt{x_n^2 + y_n^2} = |z_n|,$$

根据正项级数的比较判别法知 $\sum\limits_{n=1}^{\infty}|x_n|$ 与 $\sum\limits_{n=1}^{\infty}|y_n|$ 都收敛，从而 $\sum\limits_{n=1}^{\infty}x_n$ 和 $\sum\limits_{n=1}^{\infty}y_n$ 也都收敛. 于是由定理 2.2 可知 $\sum\limits_{n=1}^{\infty}z_n$ 也收敛. □

定义 2.3 如果级数 $\sum\limits_{n=1}^{\infty}|z_n|$ 收敛，则称级数 $\sum\limits_{n=1}^{\infty}z_n$ 是绝对收敛的；如果级数

$\sum\limits_{n=1}^{\infty}\left|z_n\right|$ 发散，而级数 $\sum\limits_{n=1}^{\infty}z_n$ 收敛，则称级数 $\sum\limits_{n=1}^{\infty}z_n$ 是条件收敛的.

注　复数项级数的绝对收敛和条件收敛的定义及关系如同高等数学中的实数项级数的绝对收敛和条件收敛的定义及关系.

例 2.2　判别下列级数的敛散性；如果收敛，指出是绝对收敛还是条件收敛？

（1）$\sum\limits_{n=1}^{\infty}\left(\dfrac{1}{n}+\dfrac{i}{2^n}\right)$；（2）$\sum\limits_{n=1}^{\infty}\dfrac{i^n}{n}$；（3）$\sum\limits_{n=1}^{\infty}\dfrac{i^n}{n^2}$.

解　（1）由 $\sum\limits_{n=1}^{\infty}\dfrac{1}{n}$ 发散，所以根据定理 2.2 即知 $\sum\limits_{n=1}^{\infty}\left(\dfrac{1}{n}+\dfrac{i}{2^n}\right)$ 发散.

（2）$\sum\limits_{n=1}^{\infty}\dfrac{i^n}{n}=-\left(\dfrac{1}{2}-\dfrac{1}{4}+\dfrac{1}{6}-\dfrac{1}{8}+\cdots\right)+i\left(1-\dfrac{1}{3}+\dfrac{1}{5}-\dfrac{1}{7}+\cdots\right)$ 的实部和虚部都收

敛，故 $\sum\limits_{n=1}^{\infty}\dfrac{i^n}{n}$ 收敛. 但是 $\sum\limits_{n=1}^{\infty}\left|\dfrac{i^n}{n}\right|=\sum\limits_{n=1}^{\infty}\dfrac{1}{n}$ 发散，故 $\sum\limits_{n=1}^{\infty}\dfrac{i^n}{n}$ 是条件收敛的.

（3）由于 $\sum\limits_{n=1}^{\infty}\left|\dfrac{i^n}{n^2}\right|=\sum\limits_{n=1}^{\infty}\dfrac{1}{n^2}$ 是收敛的正项级数，所以原级数绝对收敛.

2.2　复变函数项级数

2.2.1　复变函数项级数

定义 2.4　设 $\{f_n(z)\}(n=1,2,\cdots)$ 为区域 D 内的函数，则称

$$\sum_{n=1}^{\infty}f_n(z)=f_1(z)+f_2(z)+\cdots+f_n(z)+\cdots \tag{2.2}$$

为区域 D 内的复变函数项级数.

称 $S_n(z)=f_1(z)+f_2(z)+\cdots+f_n(z)$ 为该级数（2.2）的部分和. 如果级数（2.2）在区域 D 内处处收敛，这时，该级数的和是 D 内的一个函数 $S(z)$，即有

$$\sum_{n=1}^{\infty}f_n(z)=S(z),\quad z\in D.$$

例如，级数 $1+z+z^2+\cdots+z^n+\cdots$ 在区域 $|z|<1$ 内收敛，且和函数为 $\dfrac{1}{1-z}$.

下面主要研究复变函数项级数的简单情形——幂级数和含有正幂项、负幂项的级数，它们与解析函数有着密切的关系.

2.2.2 幂级数

定义 2.5 和实变量的幂级数一样，形如

$$\sum_{n=0}^{\infty} C_n(z-z_0)^n = C_0 + C_1(z-z_0) + C_2(z-z_0)^2 + \cdots + C_n(z-z_0)^n + \cdots \qquad (2.3)$$

的复函数项级数称为幂级数，其中 $C_n(n=0,1,2,\cdots)$ 及 z_0 均为复常数.

显然 z_0 是级数（2.3）的收敛点. 和实变量幂级数一样，有下述阿贝尔定理.

定理 2.5（阿贝尔定理） 如果幂级数 (2.3) 在点 $z_1(z_1 \neq z_0)$ 收敛，则级数(2.3) 在圆域 $|z-z_0| < |z_1-z_0|$ 内绝对收敛.

证明 设 z 为圆域 $|z-z_0| < |z_1-z_0|$ 内任意一点（图 2.1(a)）. 因为 $\sum_{n=0}^{\infty} C_n(z_1-z_0)^n$ 收敛，由定理 2.3 知

$$\lim_{n \to \infty} C_n(z_1-z_0)^n = 0.$$

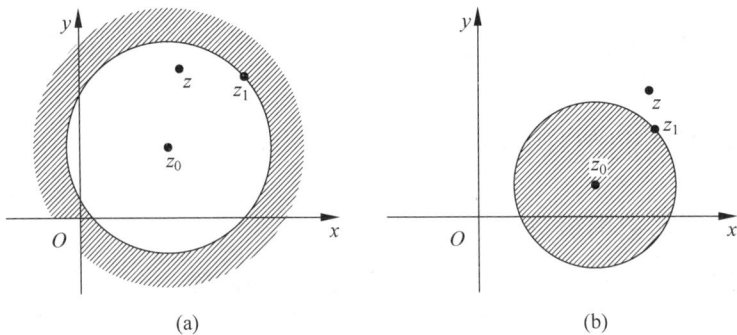

图　2.1

因此，存在一个常数 $M > 0$，对于任意非负整数 n 均有

$$\left| C_n(z_1-z_0)^n \right| \leqslant M.$$

于是

$$\left| C_n(z-z_0)^n \right| = \left| C_n(z_1-z_0)^n \right| \left| \frac{z-z_0}{z_1-z_0} \right|^n \leqslant M \left| \frac{z-z_0}{z_1-z_0} \right|^n,$$

而当 $|z-z_0| < |z_1-z_0|$ 时，$\left| \dfrac{z-z_0}{z_1-z_0} \right| < 1$，因而级数 $\sum_{n=1}^{\infty} \left(M \left| \dfrac{z-z_0}{z_1-z_0} \right|^n \right)$ 收敛. 再根据正项级数比较判别法，即知 $\sum_{n=1}^{\infty} \left| C_n(z-z_0)^n \right|$ 收敛. 从而 $\sum_{n=0}^{\infty} C_n(z-z_0)^n$ 绝对收敛. 由

于 z 在圆域 $|z - z_0| < |z_1 - z_0|$ 内的任意性. 故定理得证. □

阿贝尔定理的几何意义是：如果幂级数（2.3）在点 z_1 收敛，那么该级数在以 z_0 为圆心、以 $|z_1 - z_0|$ 为半径的圆周内部的任意点 z 处也一定收敛（图 2.1（a）），至于上述级数在圆周 $|z - z_0| = |z_1 - z_0|$ 上及其外部的收敛性，除点 z_1 以外，需另行判定.

推论　如果幂级数（2.3）在点 z_2 发散，则满足 $|z - z_0| > |z_2 - z_0|$ 的点 z，都使级数（2.3）发散.

证明　用反证法. 设 z 为满足 $|z - z_0| > |z_2 - z_0|$ 的任一点，若在 z 处级数（2.3）收敛，则由阿贝尔定理知 $\sum_{n=0}^{\infty} C_n (z_2 - z_0)^n$ 收敛. 这与题设矛盾. 因而满足 $|z - z_0| > |z_2 - z_0|$ 的点 z 均使级数（2.3）发散. □

这个推论的几何意义是：如果幂级数（2.3）在点 z_2 发散，那么该级数在以 z_0 为中心、$|z_2 - z_0|$ 为半径的圆周外部的任意点 z 处也一定发散（图 2.1（b）），而该级数在圆周 $|z - z_0| = |z_2 - z_0|$ 上或其内部的敛散性，则需另行讨论.

对于一个形如（2.3）的幂级数，当 $z \neq z_0$ 时，可能有三种情况.

第一种　对任意的 $z \neq z_0$，级数 $\sum_{n=0}^{\infty} C_n (z - z_0)^n$ 均发散.

例如：级数
$$1 + (z - z_0) + 2^2 (z - z_0)^2 + \cdots + n^n (z - z_0)^n + \cdots$$
当 $z \neq z_0$ 时，通项不趋于零，故发散.

第二种　对任意的 z，级数 $\sum_{n=0}^{\infty} C_n (z - z_0)^n$ 均收敛.

例如：级数
$$1 + (z - z_0) + \frac{(z - z_0)^2}{2^2} + \cdots + \frac{(z - z_0)^n}{n^n} + \cdots$$
对任意固定的 z，从某个 n 开始，以后总有 $\dfrac{|z - z_0|}{n} < \dfrac{1}{2}$，于是从此以后有 $\left| \dfrac{(z - z_0)^n}{n^n} \right| < \left(\dfrac{1}{2} \right)^n$，因而级数对任意的 z 均收敛.

第三种　存在一点 $z_1 \neq z_0$，使级数 $\sum_{n=0}^{\infty} C_n (z - z_0)^n$ 收敛，另外又存在一点 z_2，使级数 $\sum_{n=0}^{\infty} C_n (z - z_0)^n$ 发散.

在这种情况下，可以证明，存在一个有限正数 R，使得 $\sum\limits_{n=0}^{\infty} C_n (z-z_0)^n$ 在 $|z-z_0| = R$ 内绝对收敛，在圆周 $|z-z_0| = R$ 的外部发散。R 称为此幂级数的收敛半径；圆周 $|z-z_0| = R$ 称为收敛圆。对第一种情形，约定 $R=0$；对第二种情形，约定 $R=\infty$，并且称它们为收敛半径。

下面讨论收敛半径 R 的求法，同实幂级数类似。

（1）比值法：若 $\lim\limits_{n \to \infty} \left| \dfrac{C_{n+1}}{C_n} \right| = \lambda$，则级数 $\sum\limits_{n=0}^{\infty} C_n (z-z_0)^n$ 的收敛半径 $R = \dfrac{1}{\lambda}$。

（2）根值法：若 $\lim\limits_{n \to \infty} \sqrt[n]{|C_n|} = \lambda$，则级数 $\sum\limits_{n=0}^{\infty} C_n (z-z_0)^n$ 的收敛半径 $R = \dfrac{1}{\lambda}$。

当 $\lambda = 0$ 时，则 $R = \infty$；当 $\lambda = \infty$ 时，则 $R = 0$。

例 2.3　求 $\sum\limits_{n=0}^{\infty} z^n$，$\sum\limits_{n=1}^{\infty} \dfrac{z^n}{n}$，$\sum\limits_{n=1}^{\infty} \dfrac{z^n}{n^2}$ 的收敛半径。

解　这三个级数都有 $\lim\limits_{n \to \infty} \left| \dfrac{C_{n+1}}{C_n} \right| = 1$，故 $R = 1$。

例 2.4　求 $\sum\limits_{n=1}^{\infty} \dfrac{(z-1)^n}{n}$ 的收敛半径。

解　$\lim\limits_{n \to \infty} \left| \dfrac{C_{n+1}}{C_n} \right| = \lim\limits_{n \to \infty} \dfrac{n}{n+1} = 1$，故 $R = 1$。

本题收敛圆为 $|z-1| = 1$。当 $z = 0$ 时，原级数成为 $\sum\limits_{n=1}^{\infty} (-1)^n \dfrac{1}{n}$，为交错级数，是收敛的；当 $z = 2$ 时，原级数成为 $\sum\limits_{n=1}^{\infty} \dfrac{1}{n}$，是调和级数，是发散的。

与实幂级数一样，复幂级数也能进行加、减等运算。特别地，代换（复合）运算在把函数展开成幂级数时，有着广泛应用。通过下面的例题具体说明。

例 2.5　把函数 $\dfrac{1}{z}$ 表成形如 $\sum\limits_{n=0}^{\infty} C_n (z-2)^n$ 的幂级数。

解　$\dfrac{1}{z} = \dfrac{1}{2 + (z-2)} = \dfrac{1}{2} \dfrac{1}{1 - \dfrac{z-2}{-2}}$

$$= \dfrac{1}{2} \left[1 + \left(\dfrac{z-2}{-2} \right) + \left(\dfrac{z-2}{-2} \right)^2 + \cdots + \left(\dfrac{z-2}{-2} \right)^n + \cdots \right]$$

$$= \dfrac{1}{2} - \dfrac{1}{2^2}(z-2) + \dfrac{1}{2^3}(z-2)^2 + \cdots + (-1)^n \dfrac{1}{2^{n+1}}(z-2)^n + \cdots, \quad |z-2| < 2.$$

通过此题可知，首先要把函数作代数变形，将其写成 $\dfrac{1}{1-g(z)}$ ，其中

$g(z) = \dfrac{z-2}{-2}$ ，然后把 $\dfrac{1}{1-z}$ 展开式中的 z 换成 $g(z)$.

复变幂级数也同实变幂级数一样，在它的收敛圆的内部有下列性质：

（1）幂级数的和 $f(z) = \displaystyle\sum_{n=0}^{\infty} C_n(z-z_0)^n$ 在收敛圆的内部是一个解析函数；

（2）在收敛圆的内部，幂级数的和 $f(z) = \displaystyle\sum_{n=0}^{\infty} C_n(z-z_0)^n$ 可以逐项求导及逐项积分任意次.

2.3　泰勒级数

上节讨论幂级数，知道收敛幂级数的和函数一定是解析函数. 试问：任何一个解析函数是否一定可以展开为幂级数？

定理 2.6　设函数 $f(z)$ 在区域 D 内解析，z_0 为 D 内的一点，R 为 z_0 到 D 的边界上各点的最短距离，则当 $|z-z_0| < R$ 时，$f(z)$ 可展开为幂级数

$$f(z) = \sum_{n=0}^{\infty} C_n(z-z_0)^n, \tag{2.4}$$

其中 $C_n = \dfrac{1}{n!} f^{(n)}(z_0), n = 0, 1, \cdots$.

式 (2.4) 称为 $f(z)$ 在 z_0 处的泰勒展开式，其右端的级数称为 $f(z)$ 在 z_0 处的泰勒级数.

证明　以 z_0 为中心、$r(r < R)$ 为半径作圆 $C: |\zeta - z_0| = r$，显然 C 及其内部包含于 D 内. 设 z 为 C 内任意一点（图 2.2），由柯西积分公式，有

$$f(z) = \frac{1}{2\pi i} \oint \frac{f(\zeta)}{\zeta - z} d\zeta. \tag{2.5}$$

由于 ζ 在 C 上，而 z 在 C 内，所以 $\left| \dfrac{z-z_0}{\zeta - z_0} \right| < 1$，而

$$\frac{1}{\zeta - z} = \frac{1}{(\zeta - z_0) - (z - z_0)} = \frac{1}{\zeta - z_0} \frac{1}{1 - \dfrac{z - z_0}{\zeta - z_0}}$$

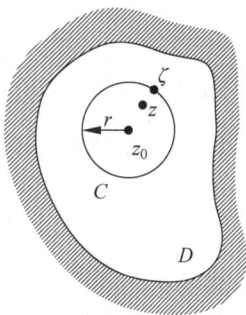

图　2.2

$$= \frac{1}{\zeta - z_0} \left[1 + \frac{z - z_0}{\zeta - z_0} + \left(\frac{z - z_0}{\zeta - z_0} \right)^2 + \cdots + \left(\frac{z - z_0}{\zeta - z_0} \right)^n + \cdots \right]$$

$$= \sum_{n=0}^{\infty} \frac{1}{(\zeta - z_0)^{n+1}} (z - z_0)^n,$$

将上式代入式 (2.5)，有

$$f(z) = \frac{1}{2\pi i} \oint_C \left[\sum_{n=0}^{N-1} \frac{f(\zeta) d\zeta}{(\zeta - z_0)^{n+1}} \right] (z - z_0)^n + R_N(z), \tag{2.6}$$

其中

$$R_N(z) = \frac{1}{2\pi i} \oint_C \left[\sum_{n=N}^{\infty} \frac{f(\zeta)}{(\zeta - z_0)^{n+1}} (z - z_0)^n \right] d\zeta.$$

下证 $\lim\limits_{N \to \infty} R_N(z) = 0$.

由于 $f(z)$ 在 D 内解析，从而在 C 上连续，因此，存在一个正常数 M，在 C 上 $|f(\zeta)| \leqslant M$，又由于

$$\left| \frac{z - z_0}{\zeta - z_0} \right| = \frac{|z - z_0|}{r} = q < 1,$$

于是有

$$|R_N(z)| \leqslant \frac{1}{2\pi} \oint_C \left| \sum_{n=N}^{\infty} \frac{f(\zeta)}{(\zeta - z_0)^{n+1}} (z - z_0)^n \right| |d\zeta|$$

$$\leqslant \frac{1}{2\pi} \oint_C \left[\sum_{n=N}^{\infty} \frac{|f(\zeta)|}{|\zeta - z_0|} \left| \frac{z - z_0}{\zeta - z_0} \right|^n \right] ds$$

$$\leqslant \frac{1}{2\pi} \sum_{n=N}^{\infty} \frac{M}{r} q^n \cdot 2\pi r = \frac{Mq^N}{1 - q}.$$

因为 $\lim\limits_{N \to \infty} q^N = 0$，所以 $\lim\limits_{N \to \infty} R_N(z) = 0$ 在 C 内成立. 又可根据幂级数在收敛圆内可逐项积分的性质和高阶导数公式，因此式 (2.6) 可写成

$$f(z) = f(z_0) + f'(z_0)(z - z_0) + \frac{f''(z_0)}{2!}(z - z_0)^2 + \cdots + \frac{f^{(n)}(z_0)}{n!}(z - z_0)^n + \cdots.$$

即定理可证. □

说明 （1）从上面的证明知，C 的半径可任意接近于 R，所以 $f(z)$ 在 z_0 处的幂级数的收敛半径至少等于从 z_0 到 D 的边界上各点的最短距离.

（2）如果 $f(z)$ 在 D 内有奇点，则使 $f(z)$ 在 z_0 的泰勒展开式成立的 R 等于从 z_0 到 $f(z)$ 的距 z_0 最近一个奇点 α 之间的距离，即 $R=|\alpha-z_0|$.

（3）$f(z)$ 在 z_0 处的泰勒展开式是唯一的.

将定理 2.6 同幂级数的性质相结合，就得到重要结论：**函数在一点解析的充要条件是它在这点的邻域内可以展开为幂级数**.

例 2.6　将 $f(z)=\mathrm{e}^z$ 在 $z=0$ 处展开为泰勒级数.

解　由于 $(\mathrm{e}^z)^{(n)}=\mathrm{e}^z$，且 $\mathrm{e}^z\big|_{z=0}=1$，则

$$C_n=\frac{f^{(n)}(z_0)}{n!}=\frac{f^{(n)}(0)}{n!}=\frac{1}{n!},$$

故

$$\mathrm{e}^z=1+z+\frac{z^2}{2!}+\cdots+\frac{z^n}{n!}+\cdots.$$

因为 e^z 在全平面解析，所以级数的收敛圆是 $|z|<+\infty$.

注　该方法称为**直接展开法**.

类似地，有

$$\sin z=z-\frac{z^3}{3!}+\frac{z^5}{5!}-\frac{z^7}{7!}+\cdots+(-1)^n\frac{z^{2n+1}}{(2n+1)!}+\cdots,\quad |z|<+\infty,$$

$$\cos z=1-\frac{z^2}{2!}+\frac{z^4}{4!}+\cdots+(-1)^n\frac{z^{2n}}{(2n)!}+\cdots,\quad |z|<+\infty.$$

例 2.7　将 $f(z)=\dfrac{1}{1-z}$ 在 $z=0$ 处展开为泰勒级数.

解　由于 $f(z)$ 在全平面除 $z=1$ 点外为解析的，因此

$$\frac{1}{1-z}=1+z+z^2+\cdots+z^n+\cdots,\quad |z|<1. \tag{2.7}$$

注　式 (2.7) 是一个非常有用的公式.

例 2.8　求函数 $f(z)=\dfrac{1}{z-2}$ 在 $z=-1$ 的邻域内的泰勒展开式.

解　由于 $f(z)$ 在全平面除 $z=2$ 点外为解析的，因此收敛半径 $R=|2-(-1)|=3$，则

$$\frac{1}{z-2}=\frac{1}{z+1-3}=\frac{1}{-3}\frac{1}{1-\dfrac{z+1}{3}}$$

$$=-\frac{1}{3}\left[1+\frac{z+1}{3}+\left(\frac{z+1}{3}\right)^2+\cdots+\left(\frac{z+1}{3}\right)^n+\cdots\right],\quad |z+1|<3.$$

例 2.9 求对数函数 $\ln(1+z)$ 在 $z=0$ 处的泰勒展开式.

解 由于 $\ln(1+z)$ 在从 -1 向左沿负实轴剪开的平面内是解析的,而 -1 是它的一个奇点,其收敛半径 $R=|-1-0|=1$,所以它在 $|z|<1$ 内可展开为 z 的幂级数. 由式 (2.7) 知

$$\frac{1}{1+z}=1-z+z^2-z^3+\cdots+(-1)^n z^n+\cdots,\quad |z|<1.$$

在收敛圆 $|z|=1$ 内,任取一条从 0 到 z 的积分路径 C,将上式两端沿 C 逐项积分得

$$\int_0^z \frac{1}{1+t}\mathrm{d}t=\int_0^z \mathrm{d}t-\int_0^z t\mathrm{d}t+\int_0^z t^2\mathrm{d}t-\int_0^z t^3\mathrm{d}t+\cdots+\int_0^z (-1)^n t^n\mathrm{d}t+\cdots,$$

故有

$$\ln(1+z)=z-\frac{z^2}{2}+\frac{z^3}{3}-\frac{z^4}{4}+\cdots+(-1)^n\frac{z^{n+1}}{n+1}+\cdots,\quad |z|<1.$$

2.4 洛朗级数

洛朗级数是包括正负次幂的级数,它可以表示圆环上的解析函数,它的性质大都是由幂级数的性质所产生.

定理 2.7(洛朗定理) 设函数 $f(z)$ 在圆环域 $R_1<|z-z_0|<R_2$ 内处处解析,则 $f(z)$ 一定能在此圆环域中展开为

$$f(z)=\sum_{n=-\infty}^{\infty} C_n(z-z_0)^n,\tag{2.8}$$

其中

$$C_n=\frac{1}{2\pi\mathrm{i}}\oint_C \frac{f(\zeta)}{(\zeta-z_0)^{n+1}}\mathrm{d}\zeta\quad (n=0,\pm1,\pm2,\cdots),$$

而 C 为此圆环域内绕 z_0 的任一简单闭曲线.

式 (2.8) 称为函数 $f(z)$ 在以 z_0 为中心的圆环域:$R_1<|z-z_0|<R_2$ 内的洛朗展开式,其右端的级数称为 $f(z)$ 在此圆环域内的洛朗级数.

证明 在圆环域内作圆 $\Gamma_1:|\zeta-z_0|=r$ 和 $\Gamma_2:|\zeta-z_0|=R$,其中 $R_1<r<R<R_2$. 设 z 为圆环域 $r<|z-z_0|<R$ 内任意一点(图 2.3).

由多连域的柯西积分公式,有

$$f(z)=\frac{1}{2\pi\mathrm{i}}\oint_{\Gamma_2} \frac{f(\zeta)}{\zeta-z}\mathrm{d}\zeta-\frac{1}{2\pi\mathrm{i}}\oint_{\Gamma_1} \frac{f(\zeta)}{\zeta-z}\mathrm{d}\zeta.$$

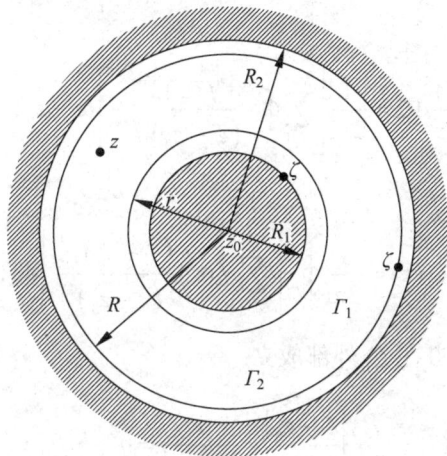

图 2.3

上式右端第一个积分，由于 ζ 在 Γ_2 上，而 z 在 Γ_2 的内部，所以有 $\left|\dfrac{z-z_0}{\zeta-z_0}\right|<1$，又因为 $|f(\zeta)|$ 在 Γ_2 上连续，因此存在一个正常数 M，使得 $|f(\zeta)|<M$．与泰勒定理的证明一样，当 $|\zeta-z_0|<R$ 时，有

$$\frac{1}{2\pi i}\oint_{\Gamma_2}\frac{f(\zeta)}{\zeta-z}\mathrm{d}\zeta=\sum_{n=0}^{\infty}C_n(z-z_0)^n, \tag{2.9}$$

其中

$$C_n=\frac{1}{2\pi i}\oint_{\Gamma_2}\frac{f(\zeta)}{(\zeta-z_0)^{n+1}}\mathrm{d}\zeta \quad (n=0,1,2,\cdots).$$

注意不能将 C_n 写成 $\dfrac{f^{(n)}(z_0)}{n!}$，因为 $f(z)$ 在 Γ_2 的内部不一定处处解析．

再考虑第二个积分 $-\dfrac{1}{2\pi i}\oint_{\Gamma_1}\dfrac{f(\zeta)}{\zeta-z}\mathrm{d}\zeta$．由于 ζ 在 Γ_1 上，而 z 在 Γ_1 的外部，所以 $\left|\dfrac{\zeta-z_0}{z-z_0}\right|<1$，于是

$$\frac{1}{\zeta-z}=-\frac{1}{z-z_0}\frac{1}{1-\dfrac{\zeta-z_0}{z-z_0}}$$

$$=-\sum_{n=1}^{\infty}\frac{(\zeta-z_0)^{n-1}}{(z-z_0)^n}=-\sum_{n=1}^{\infty}\frac{1}{(\zeta-z_0)^{-n+1}}(z-z_0)^{-n}.$$

所以

$$-\frac{1}{2\pi i}\oint_{\Gamma_1}\frac{f(\zeta)}{\zeta-z}\mathrm{d}\zeta=\frac{1}{2\pi i}\left[\sum_{n=1}^{N-1}\oint_{\Gamma_1}\frac{f(\zeta)\mathrm{d}\zeta}{(\zeta-z_0)^{-n+1}}\right](z-z_0)^{-n}+R_N(z),$$

其中

$$R_N(z)=\frac{1}{2\pi i}\oint_{\Gamma_1}\left[\sum_{n=N}^{\infty}f(\zeta)\frac{(\zeta-z_0)^{n-1}}{(z-z_0)^n}\right]\mathrm{d}\zeta.$$

下证 $\lim\limits_{N\to\infty}R_N(z)=0$ 在 Γ_1 外部成立. 令

$$\left|\frac{\zeta-z_0}{z-z_0}\right|=\frac{r}{|z-z_0|}=q,$$

显然 $0\leqslant q<1$，由于 z 在 Γ_1 的外部，$|f(\zeta)|$ 在 Γ_1 上连续，因此存在一个正常数 M，使得 $|f(\zeta)|\leqslant M$. 所以

$$|R_N(z)|\leqslant\frac{1}{2\pi}\oint_{\Gamma_1}\left[\sum_{n=N}^{\infty}\frac{|f(\zeta)|}{|\zeta-z_0|}\left|\frac{\zeta-z_0}{z-z_0}\right|^n\right]\mathrm{d}\zeta$$

$$\leqslant\frac{1}{2\pi}\sum_{n=N}^{\infty}\frac{M}{r}q^n 2\pi r=\frac{Mq^N}{1-q}.$$

因 $\lim\limits_{N\to\infty}q^N=0$，故 $\lim\limits_{N\to\infty}R_N(z)=0$. 从而有

$$-\frac{1}{2\pi i}\oint_{\Gamma_1}\frac{f(\zeta)}{\zeta-z}\mathrm{d}\zeta=\sum_{n=1}^{\infty}C_{-n}(z-z_0)^{-n}, \tag{2.10}$$

其中

$$C_{-n}=\frac{1}{2\pi i}\oint_{\Gamma_1}\frac{f(\zeta)}{(\zeta-z_0)^{-n+1}}\mathrm{d}\zeta \quad (n=1,2,\cdots).$$

综上所述，我们有

$$f(z)=\sum_{n=0}^{\infty}C_n(z-z_0)^n+\sum_{n=1}^{\infty}C_{-n}(z-z_0)^{-n}$$

$$=\sum_{n=-\infty}^{\infty}C_n(z-z_0)^n.$$

如果在圆环域内取绕 z_0 的任一简单闭曲线 C，根据柯西定理的推广，那么式 (2.9) 与式 (2.10) 的系数表达式可以用同一个式子表达，即

$$C_n = \frac{1}{2\pi i} \oint_C \frac{f(\zeta)}{(\zeta - z_0)^{n+1}} \mathrm{d}\zeta \quad (n = 0, \pm 1, \pm 2, \cdots),$$

于是式 (2.8) 成立.

级数中正整次幂部分和负整次幂部分分别称为洛朗级数的解析部分和主要部分. 在许多应用中, 往往需要把在某点 z_0 不解析但在 z_0 的去心邻域内解析的的函数 $f(z)$ 展开成级数, 那么就要利用洛朗级数来展开.

注　$f(z)$ 在圆环域 $R_1 < |z - z_0| < R_2$ 内的洛朗展开式 (2.8) 是唯一的.

具体地说, 究竟怎样把函数展开为洛朗级数呢? 通常很少利用计算系数的办法来展开, 而是设法把函数拆成两部分, 一部分在圆盘 $|z - z_0| < R_2$ 内为解析, 从而可展开为幂级数; 另一部分在圆周的外部 $|z - z_0| > R_1$ 为解析, 从而可展开为负次幂级数. 这样, 就可以把泰勒展开的方法应用上去 (对于负次幂部分, 可以在心里想着: 这是含 $\dfrac{1}{z - z_0}$ 的幂次项的幂级数, 从而把泰勒展开的方法应用上去).

例 2.10　将 $f(z) = \dfrac{1}{1 - z}$ 在圆环域 $1 < |z| < +\infty$ 内展开为洛朗级数.

解　由于 $\left|\dfrac{1}{z}\right| < 1$, 所以

$$\frac{1}{1 - z} = -\frac{1}{z} \frac{1}{1 - \frac{1}{z}} = -\frac{1}{z} \sum_{n=1}^{\infty} \frac{1}{z^{n-1}}$$

$$= -\sum_{n=1}^{\infty} \frac{1}{z^n}, \quad 1 < |z| < \infty.$$

例 2.11　将函数 $f(z) = \dfrac{1}{(z-1)(z-2)}$ 分别在圆环域（1）$0 < |z| < 1$；（2）$1 < |z| < 2$；（3）$2 < |z| < +\infty$ 内展开为洛朗级数.

解　首先将 $f(z)$ 分解成部分分式 $f(z) = \dfrac{1}{1-z} - \dfrac{1}{2-z}$.

（1）在 $0 < |z| < 1$ 内, 由于 $|z| < 1$, 从而 $\left|\dfrac{z}{2}\right| < 1$, 利用式 (2.7) 得

$$f(z) = \frac{1}{1-z} - \frac{1}{2\left(1 - \frac{z}{2}\right)}$$

$$= \sum_{n=0}^{\infty} z^n - \frac{1}{2} \sum_{n=0}^{\infty} \frac{z^n}{2^n} = \sum_{n=0}^{\infty} \left(1 - \frac{1}{2^{n+1}}\right) z^n,$$

此即 $f(z)$ 在 $|z|<1$ 内的泰勒展式.

（2）在 $1<|z|<2$ 内，即有 $\left|\dfrac{1}{z}\right|<1$，$\left|\dfrac{z}{2}\right|<1$，

$$f(z)=-\frac{1}{z}\frac{1}{1-\dfrac{1}{z}}-\frac{1}{2}\frac{1}{1-\dfrac{z}{2}}=-\frac{1}{z}\sum_{n=1}^{\infty}\frac{1}{z^{n-1}}-\frac{1}{2}\sum_{n=0}^{\infty}\frac{z^n}{2^n}$$

$$=-\sum_{n=0}^{\infty}\frac{z^n}{2^{n+1}}-\sum_{n=1}^{\infty}\frac{1}{z^n}.$$

（3）在 $2<|z|<+\infty$ 内，这时 $\left|\dfrac{1}{z}\right|<1,\left|\dfrac{2}{z}\right|<1$，

$$f(z)=\frac{1}{z}\frac{1}{1-\dfrac{2}{z}}-\frac{1}{z}\frac{1}{1-\dfrac{1}{z}}=\frac{1}{z}\sum_{n=0}^{\infty}\frac{2^n}{z^n}-\frac{1}{z}\sum_{n=0}^{\infty}\frac{1}{z^n}$$

$$=\sum_{n=1}^{\infty}\frac{2^{n-1}-1}{z^n}.$$

例 2.12 试求 $f(z)=\dfrac{1}{z+\mathrm{i}}$ 以 $z=\mathrm{i}$ 为中心的洛朗级数.

解 $f(z)$ 在复平面内有一个奇点 $z=-\mathrm{i}$，因此复平面被分成两个不相交的 $f(z)$ 的解析区域：（1）$|z-\mathrm{i}|<2$；（2）$2<|z-\mathrm{i}|<+\infty$.

（1）在 $|z-\mathrm{i}|<2$ 内，

$$\frac{1}{z+\mathrm{i}}=\frac{1}{2\mathrm{i}}\frac{1}{1-\left(-\dfrac{z-\mathrm{i}}{2\mathrm{i}}\right)}$$

$$=\frac{1}{2\mathrm{i}}\sum_{n=0}^{\infty}\left(-\frac{z-\mathrm{i}}{2\mathrm{i}}\right)^n$$

$$=(-1)^n\sum_{n=0}^{\infty}\frac{1}{2^{n+1}\mathrm{i}^{n+1}}(z-\mathrm{i})^n$$

（2）在 $2<|z-\mathrm{i}|<+\infty$ 内，

$$\frac{1}{z+\mathrm{i}}=\frac{1}{z-\mathrm{i}}\frac{1}{1-\left(-\dfrac{2\mathrm{i}}{z-\mathrm{i}}\right)}=\frac{1}{z-\mathrm{i}}\sum_{n=0}^{\infty}\left(-\frac{2\mathrm{i}}{z-\mathrm{i}}\right)^n$$

$$=\sum_{n=0}^{\infty}\frac{(-2\mathrm{i})^n}{(z-\mathrm{i})^{n+1}}.$$

本章小结

　　本章研究了函数的幂级数与洛朗级数，我们已知复变函数论研究的主要对象是解析函数，在这一章里表述了幂级数与解析函数的紧密联系，一方面幂级数在一定的区域内收敛于一个解析函数；另一方面一个解析函数在其解析点的邻域内，能展开成幂级数. 所以幂级数是研究解析函数在解析点邻域性质时所必不可少的有力工具. 而且在实际计算中，把函数展开成幂级数，应用起来也比较方便，所以幂级数在复变函数论中有着特别重要的意义.

　　洛朗级数是幂级数的进一步发展. 它实际上是由一个通常（非负次的）幂级数同一个只含负次幂的级数组合而成的. 洛朗级数的性质可以由幂级数的性质推导出来. 特别可以推导出：洛朗级数的和表示圆环内的解析函数，同幂级数一样，也需要研究相反的问题，即任意一个在某圆环域内解析的函数是否一定可以展开为洛朗级数，如果可以，应该怎样展开？

　　圆环的一种蜕化情形是一点的去心邻域，而当函数在一点的去心邻域内解析时为解析，但如不在该点解析的时候，这一点就是函数的孤立奇点. 所以洛朗级数就很自然地成为研究解析函数的孤立奇点的有力工具.

　　幂级数与洛朗级数是研究解析函数的重要工具，为使用好这些工具，不可回避的一个问题就是："将函数 $f(z)$ 展开成级数"，关于这个问题，必须注意以下几点：

　　（1）将函数 $f(z)$ 展开成什么级数？是幂级数还是洛朗级数？

　　（2）在哪些区域里展开？区域不同展开式也不一样.

　　（3）能不能展开？怎样展开？

习题 2

2.1　下列序列是否有极限？如果有极限，求出其极限：

　　（1）$z_n = i^n + \dfrac{1}{n}$ ；（2）$z_n = \dfrac{n!}{n^n} i^n$ ；（3）$z_n = \left(\dfrac{z}{\bar{z}}\right)^n$.

2.2　下列级数是否收敛？是否绝对收敛？

　　（1）$\displaystyle\sum_{n=1}^{\infty}\left(\dfrac{1}{2^n} + \dfrac{i}{n}\right)$ ；（2）$\displaystyle\sum_{n=1}^{\infty}\dfrac{i^n}{n!}$ ；（3）$\displaystyle\sum_{n=0}^{\infty}(1+i)^n$.

2.3　试确定下列幂级数的收敛半径：

　　（1）$\displaystyle\sum_{n=1}^{\infty} n z^{n-1}$ ；（2）$\displaystyle\sum_{n=1}^{\infty}\left(1 + \dfrac{1}{n}\right)^{n^2} z^n$ ；（3）$\displaystyle\sum_{n=1}^{\infty}\dfrac{(-1)^n}{n!} z^n$.

2.4 将下列各函数展开为 z 的幂级数，并指出其收敛域：

（1） $\dfrac{1}{1+z^3}$ ； （2） $\dfrac{1}{(z-a)(z-b)}$ $(a\neq 0, b\neq 0)$;

（3） $\dfrac{1}{(1+z^2)^2}$ ； （4） $\sin^2 z$.

2.5 求下列函数在指定点 z_0 的泰勒展式：

（1） $\dfrac{1}{z^2}, z_0=1$ ； （2） $\dfrac{1}{4-3z}, z_0=1+i$ ； （3） $\tan z, z_0=\dfrac{\pi}{4}$.

2.6 将下列各函数在指定圆环内展开为洛朗级数：

（1） $\dfrac{z+1}{z^2(z-1)}, 0<|z|<1, 1<|z|<+\infty$;

（2） $z^2 e^{\frac{1}{z}}, \quad 0<|z|<+\infty$.

2.7 将 $f(z)=\dfrac{1}{z^2-5z+6}$ 分别在其有限孤立奇点处展开为洛朗级数.

2.8 将 $f(z)=\dfrac{1}{(z^2+1)^2}$ 在 $z=i$ 的去心邻域内展开为洛朗级数.

第 3 章　留数及其应用

留数理论是复积分和复级数理论相结合的产物. 本章首先以洛朗级数为工具，先对解析函数的孤立奇点进行分类，再对它在孤立奇点邻域内的性质进行研究，而后引进留数的概念，介绍留数的计算方法以及留数定理. 利用留数定理可以把计算沿闭路的积分转化为计算在孤立奇点处的留数；利用留数定理还可以计算一些定积分的围道积分，从而用复变函数的方法解决某些用微积分中的方法难以解决的积分计算问题.

3.1　孤立奇点

3.1.1　孤立奇点的分类

定义 3.1　$f(z)$ 在 z_0 处不解析，但在 z_0 的某一个去心邻域 $0<|z-z_0|<\delta$ 内处处解析，则称 z_0 为 $f(z)$ 的孤立奇点.

例 3.1　$z=0$ 是函数 $f(z)=\dfrac{1}{z}$ 的孤立奇点.

例 3.2　$z_1=\mathrm{i}$ 和 $z_2=-1$ 是函数 $f(z)=\dfrac{1}{(z-\mathrm{i})(z+1)}$ 的两个孤立奇点.

例 3.3　设 $f(z)=\dfrac{1}{\sin\dfrac{1}{z}}$，$z_n=\dfrac{1}{n\pi}$ 是它的孤立奇点，$n=1,2,\cdots$.

但 $z=0$ 是奇点而不是孤立奇点，因为在 $z=0$ 的任何邻域中，总有形如 $z_n=\dfrac{1}{n\pi}$ 的奇点.

在孤立奇点 $z=z_0$ 的去心邻域内，函数 $f(z)$ 可展开为洛朗级数

$$f(z)=\sum_{n=-\infty}^{\infty}C_n(z-z_0)^n.$$

注意到，洛朗级数的非负次幂部分 $\displaystyle\sum_{n=0}^{\infty}C_n(z-z_0)^n$ 实际上表示 z_0 在邻域 $|z-z_0|<\delta$ 内的解析函数（即 $f(z)$ 的解析部分），故函数 $f(z)$ 在点 z_0 的奇异性质完全体现在洛朗级数的负次幂部分 $\displaystyle\sum_{n=-1}^{-\infty}C_n(z-z_0)^n$（即 $f(z)$ 的主要部分）. 当洛朗级数的主要部分只有有限个系数不为零时，函数的性态比较简单，否则就比较复杂. 所以，根据洛朗级数展开式中主要部分的系数取零值的不同情况，

可将函数的孤立奇点进行分类.

（1）**可去奇点**   若对一切 $n<0$ 有 $C_n=0$，则称 z_0 是函数 $f(z)$ 的可去奇点.这是因为令 $f(z_0)=C_0$，就得到在整个圆盘 $|z-z_0|<\delta$ 内解析的函数 $f(z)$.

（2）**极点**   如果只有有限个（至少一个）整数 $n<0$，使得 $C_n\neq0$，那么则说 z_0 是函数 $f(z)$ 的极点.设对于正整数 $m,C_{-m}\neq0$；而当 $n<-m$ 时，$C_n=0$，则说 z_0 是 $f(z)$ 的 m 阶极点.称一阶极点为简单极点.

（3）**本性奇点**   如果有无限个整数 $n<0$，使得 $C_n\neq0$，那么则说 z_0 是 $f(z)$ 的本性奇点.

例如，0 分别是 $\dfrac{\sin z}{z},\dfrac{\sin z}{z^2}$，及 $\mathrm{e}^{\frac{1}{z}}$ 的可去奇点、简单极点及本性奇点.

以下从函数的性态来刻画各类奇点的特征.

定理 3.1   设函数 $f(z)$ 在 $0<|z-z_0|<\delta(0<\delta\leqslant+\infty)$ 内解析.那么 z_0 是 $f(z)$ 的可去奇点的充分必要条件是存在极限 $\lim\limits_{z\to z_0}f(z)=C_0$，其中 C_0 是一复常数.

证明   必要性.由 z_0 是 $f(z)$ 的可去奇点，故在 $0<|z-z_0|<\delta$ 内有

$$f(z)=C_0+C_1(z-z_0)+\cdots+C_n(z-z_0)^n+\cdots,$$

因为上式右边幂级数的收敛半径至少是 δ，所以它的和函数在 $|z-z_0|<\delta$ 内解析.于是显然存在着 $\lim\limits_{z\to z_0}f(z)=C_0$.

充分性.设在 $0<|z-z_0|<\delta$ 内，$f(z)$ 的洛朗级数 $f(z)=\sum\limits_{n=-\infty}^{\infty}C_n(z-z_0)^n$，

$$C_n=\frac{1}{2\pi}\oint_{|z-z_0|=\delta}\frac{f(\zeta)}{(\zeta-z_0)^{n+1}}\mathrm{d}\zeta\quad(0<\delta<R;\ n=0,\pm1,\pm2,\cdots).$$

由于当 $z\to z_0$ 时 $f(z)$ 有极限，故存在正数 $r(\leqslant R)$ 及 M 使在 $0<|z-z_0|<r$ 内有 $|f(z)|\leqslant M$，则

$$|C_n|\leqslant\frac{M}{\delta^n}\quad(n=0,\pm1,\pm2,\cdots;0<\delta\leqslant r).$$

当 $n<0$ 时，令 $\delta\to0$，即得 $C_n=0$.因此 z_0 是 $f(z)$ 的可去奇点.   □

由此可见，如果补充定义 $f(z)$ 在 z_0 的值为 $f(z_0)=C_0$，则 $f(z)$ 在 z_0 为解析.因此可去奇点的奇异性是可以除去的.

再来分析定理 3.1 的证明中关于充分性的证明，实际上只用到 $f(z)$ 在 z_0 的邻域内为有界的条件.故从 $f(z)$ 在 z_0 的邻域内为有界，可推出 z_0 是 $f(z)$ 的可去奇点；必要性的证明从 z_0 为 $f(z)$ 的可去奇点推出 $f(z)$ 在 z_0 有有限极限，自然 $f(z)$ 在 z_0 的邻域内是有界的.因此有下面的结论.

定理 3.2　设 z_0 是 $f(z)$ 的一孤立奇点, 则 z_0 是 $f(z)$ 的可去奇点的充分必要条件是 $f(z)$ 在 z_0 的一个邻域内为有界.

其次, 我们研究极点的特征. 设函数 $f(z)$ 在 $0<|z-z_0|<\delta$ 内解析, 且 z_0 是 $f(z)$ 的 $m(\geqslant 1)$ 阶级点. 那么在 $0<|z-z_0|<\delta$ 内, $f(z)$ 有洛朗展式:

$$f(z)=\frac{C_{-m}}{(z-z_0)^m}+\frac{C_{-m+1}}{(z-z_0)^{m-1}}+\cdots+\frac{C_{-1}}{z-z_0}+C_0+C_1(z-z_0)+\cdots+C_n(z-z_0)^n+\cdots,$$

在这里 $C_{-m}\neq 0$, 于是在 $0<|z-z_0|<\delta$ 内,

$$\begin{aligned}f(z)&=\frac{1}{(z-z_0)^m}\Big[C_{-m}+C_{-m+1}(z-z_0)+\cdots+C_0(z-z_0)^m+\cdots+C_n(z-z_0)^{n+m}+\cdots\Big]\\&=\frac{1}{(z-z_0)^m}\varphi(z),\end{aligned}$$

在这里 $\varphi(z)$ 是一个在 $|z-z_0|<\delta$ 内解析的函数, 并且 $\varphi(z_0)\neq 0$. 反之, 如果函数 $f(z)$ 在 $0<|z-z_0|<\delta$ 内可以表示成式 (3.1) 右边的形状, 而 $\varphi(z)$ 是在 $|z-z_0|<\delta$ 内解析的函数, 并且 $\varphi(z_0)\neq 0(\varphi(z_0)=C_{-m})$, 那么不难推出: z_0 是 $f(z)$ 的 m 阶极点.

即 z_0 是 $f(z)$ 的 m 阶极点的充要条件是

$$f(z)=\frac{1}{(z-z_0)^m}\varphi(z), \tag{3.1}$$

其中 $\varphi(z_0)$ 在 z_0 处解析且 $\varphi(z_0)\neq 0$. 由式 (3.1) 可以证明以下定理.

定理 3.3　设函数 $f(z)$ 在 $0<|z-z_0|<\delta(0<\delta\leqslant+\infty)$ 内解析, 那么 z_0 是 $f(z)$ 的极点的充分必要条件是 $\lim\limits_{z\to z_0}f(z)=\infty$; z_0 是 $f(z)$ 的 m 阶极点的充分必要条件是 $\lim\limits_{z\to z_0}(z-z_0)^mf(z)=C_{-m}$, 在这里 m 是一正整数, C_{-m} 是一个不等于 0 的复常数.

定理 3.2 及定理 3.3 的充要条件可以分别说成是存在有限或无穷的极限 $\lim\limits_{z\to z_0}f(z)$. 结合这两个定理, 得到如下定理.

定理 3.4　设函数 $f(z)$ 在 $0<|z-z_0|<\delta(0<\delta\leqslant+\infty)$ 内解析. 那么 z_0 是 $f(z)$ 的本性奇点的充分必要条件是不存在有限或无穷的极限 $\lim\limits_{z\to z_0}f(z)$.

例 3.4　研究函数 $\dfrac{\sin z}{z}$ 的孤立奇点的类型.

解　由于分子函数 $\sin z$ 和分母函数 z 都在全平面为解析, 因此这个函数的孤立奇点只有分母的零点, 即 $z=0$. 函数 $\dfrac{\sin z}{z}$ 在 $0<|z|<+\infty$ 的洛朗展开式为

$$\frac{\sin z}{z} = 1 - \frac{z^2}{3!} + \frac{z^4}{5!} + \cdots + \frac{(-1)^n z^{2n}}{(2n+1)!} + \cdots.$$

级数的负次幂系数均为 0, 故 $z=0$ 是 $\frac{\sin z}{z}$ 的可去奇点.

这里, 可顺便得到一个重要的极限. 因为 $z=0$ 是 $\frac{\sin z}{z}$ 的可去奇点, 故当 $z \to 0$ 时, $\frac{\sin z}{z}$ 有有限极限. 这个极限就是上面展开式中的常数项. 故得

$$\lim_{z \to 0} \frac{\sin z}{z} = 1.$$

例 3.5 研究函数 $f(z) = \dfrac{1}{(z-1)(z-2)^2}$ 的孤立奇点类型.

解 显然 $z=1$ 和 $z=2$ 是函数 $f(z)$ 的两个孤立奇点, 并且在 $z=1$ 和 $z=2$ 附近可以表示成

$$f(z) = \frac{\dfrac{1}{(z-2)^2}}{z-1}, \quad f(z) = \frac{\dfrac{1}{z-1}}{(z-2)^2}.$$

而 $\dfrac{1}{(z-2)^2}$ 在 $z=1$ 的邻域内为解析, 且在 $z=1$ 取值不是 0, 故知 $z=1$ 为 $f(z)$ 的一阶极点; 同样, 函数 $\dfrac{1}{z-1}$ 在 $z=2$ 的邻域内为解析, 且在 $z=2$ 取值不是 0, 故知 $z=2$ 为 $f(z)$ 的二阶极点.

3.1.2 函数的零点与极点的关系

定义 3.2 若 $f(z) = (z-z_0)^m \varphi(z)$, $\varphi(z)$ 在 z_0 处解析, 且 $\varphi(z) \neq 0$, m 为某一正整数, 那么称 z_0 为 $f(z)$ 的 m 阶零点.

例 3.6 根据定义 3.2, 易知 $z=0$ 与 $z=1$ 分别是函数 $f(z) = z(z-1)^3$ 的一阶与三阶零点.

定理 3.5 若 $f(z)$ 在 z_0 解析, 那么 z_0 为 $f(z)$ 的 m 阶零点的充要条件是

$$f^{(n)}(z_0) = 0 \quad (n = 0, 1, \cdots, m-1), \quad f^{(m)}(z_0) \neq 0. \tag{3.2}$$

证明 若 z_0 是 $f(z)$ 的 m 阶零点, 那么 $f(z)$ 可表成

$$f(z) = (z-z_0)^m \varphi(z).$$

设 $\varphi(z)$ 在 z_0 的泰勒展开式为

$$\varphi(z) = C_0 + C_1(z - z_0) + C_2(z - z_0)^2 + \cdots,$$

其中 $C_0 = \varphi(z_0) \neq 0$. 从而 $f(z)$ 在 z_0 的泰勒展开式为

$$f(z) = C_0(z - z_0)^m + C_1(z - z_0)^{m+1} + C_2(z - z_0)^{m+2} + \cdots,$$

这个式子说明，$f(z)$ 在 z_0 的泰勒展开式的前 m 项系数都为零. 由泰勒级数的系数公式可知，这时 $f^{(n)}(z_0) = 0$ $(n = 0, 1, \cdots, m-1)$，而 $\dfrac{f^{(m)}(z_0)}{m!} = C_0 \neq 0$. 这就证明了式 (3.2) 是 z_0 为 $f(z)$ 的 m 阶零点的必要条件.

充分条件由读者自己证明.   □

例 3.7 已知 $z = 1$ 是 $f(z) = z^3 - 1$ 的零点. 由于 $f'(1) = 3z^2\big|_{z=1} = 3 \neq 0$, 从而知 $z = 1$ 是 $f(z)$ 的一阶零点.

顺便指出，由于 $f(z) = (z - z_0)^m \varphi(z)$ 中的 $\varphi(z)$ 在 z_0 解析，且 $\varphi(z_0) \neq 0$，因而它在 z_0 的邻域内不为 0，所以 $f(z) = (z - z_0)^m \varphi(z)$ 在 z_0 的去心邻域内不为零，只在 z_0 等于零. 也就是说，一个不恒为零的解析函数的零点是孤立的.

函数的零点与极点有下面的关系：

定理 3.6 如果 z_0 是 $f(z)$ 的 m 阶极点，那么 z_0 就是 $\dfrac{1}{f(z)}$ 的 m 阶零点. 反之亦然.

证明 若 z_0 是 $f(z)$ 的 m 阶极点. 根据式 (3.1)，便有

$$f(z) = \frac{1}{(z - z_0)^m} \varphi(z),$$

其中 $\varphi(z)$ 在 z_0 解析，且 $\varphi(z_0) \neq 0$. 所以当 $z \neq z_0$ 时，有

$$\frac{1}{f(z)} = (z - z_0)^m \frac{1}{\varphi(z)} = (z - z_0)^m \psi(z). \tag{3.3}$$

函数 $\psi(z)$ 也在 z_0 解析，且 $\psi(z) \neq 0$. 由于

$$\lim_{z \to z_0} \frac{1}{f(z)} = 0,$$

因此，我们只要令 $\dfrac{1}{f(z_0)} = 0$，那么由式 (3.3) 知 z_0 是 $\dfrac{1}{f(z)}$ 的 m 阶零点.

反过来，如果 z_0 是 $\dfrac{1}{f(z)}$ 的 m 阶零点，那么

$$\frac{1}{f(z)} = (z - z_0)^m g(z),$$

这里 $g(z)$ 在 z_0 解析，并且 $g(z) \neq 0$. 由此，当 $z \neq z_0$ 时，得

$$f(z) = \frac{1}{(z-z_0)^m} h(z).$$

而 $h(z) = \dfrac{1}{g(z)}$ 在 z_0 解析，并且 $h(z_0) \neq 0$，所以 z_0 是 $f(z)$ 的 m 阶极点. □

这个定理为判断函数的极点提供了一个较为简便的方法.

例 3.8 函数 $\dfrac{1}{\sin z}$ 有些什么奇点？如果是极点，指出它的阶.

解 函数 $\dfrac{1}{\sin z}$ 的奇点显然是使 $\sin z = 0$ 的点，这些奇点是 $z = k\pi$ $(k = 0, \pm 1, \pm 2, \cdots)$ 且为孤立奇点. 由于

$$\left(\sin z\right)'\Big|_{z=k\pi} = \cos z\big|_{z=k\pi} = (-1)^k \neq 0 \quad (k = 0, \pm 1, \cdots),$$

所以 $z = k\pi$ 都是 $\sin z$ 的一阶零点，也就是 $\dfrac{1}{\sin z}$ 的一阶极点.

3.2 留数

留数是复变函数论中重要的概念之一，它与解析函数在孤立奇点处的洛朗展开式、柯西复合闭路定理等都有密切的联系.

3.2.1 留数的概念及留数定理

当 $f(z)$ 在简单闭曲线 C 上及其内部解析时，由柯西积分定理知

$$\oint_C f(z)\mathrm{d}z = 0.$$

若上述 C 的内部存在函数 $f(z)$ 的孤立奇点 z_0，则积分 $\oint_C f(z)\mathrm{d}z$ 一般不等于零. 然而由洛朗展开式知，取洛朗系数中 $n = -1$ 可得

$$C_{-1} = \frac{1}{2\pi\mathrm{i}} \oint_C f(z)\mathrm{d}z,$$

因而积分

$$\oint_C f(z)\mathrm{d}z = 2\pi\mathrm{i} C_{-1}.$$

这说明 $f(z)$ 在孤立奇点 z_0 处的洛朗展开式中负一次幂项的系数 C_{-1} 在研究函数的积分中占有特别重要的地位.

定义 3.3　设 z_0 是解析函数 $f(z)$ 的孤立奇点, 我们把 $f(z)$ 在 z_0 处的洛朗展开式中负一次幂项的系数 C_{-1} 称为 $f(z)$ 在 z_0 处的留数. 记作 $\text{Res}\big[f(z), z_0\big]$, 即

$$\text{Res}\big[f(z), z_0\big] = C_{-1}.$$

显然, 留数 C_{-1} 就是积分

$$\frac{1}{2\pi i} \oint_C f(z) \mathrm{d}z$$

的值, 其中 C 为解析函数 $f(z)$ 的 z_0 的去心邻域内绕 z_0 的闭曲线.

例 3.9　求 $z\mathrm{e}^{\frac{1}{z}}$ 在孤立奇点 0 处的留数.

解　由于在 $0 < |z| < +\infty$ 内,

$$z\mathrm{e}^{\frac{1}{z}} = z + 1 + \frac{1}{2!z} + \frac{1}{3!z^2} + \cdots,$$

所以

$$\text{Res}\left[z\mathrm{e}^{\frac{1}{z}}, 0\right] = \frac{1}{2!}.$$

例 3.10　求 $z^2 \cos\dfrac{1}{z}$ 在孤立奇点 0 处的留数.

解　由于在 $0 < |z| < +\infty$ 内,

$$z^2 \cos\frac{1}{z} = z^2 - \frac{1}{2!} + \frac{1}{4!z^2} + \cdots + (-1)^n \frac{1}{(2n)! z^{2n-2}} + \cdots.$$

其缺负一次幂, 即该项系数为零, 所以

$$\text{Res}\left[z^2 \cos\frac{1}{z}, 0\right] = 0.$$

例 3.11　求 $\dfrac{\sin z}{z}$ 在孤立奇点 0 处的留数.

解　因 $z = 0$ 是 $\dfrac{\sin z}{z}$ 的可去奇点, 故

$$\text{Res}\left[\frac{\sin z}{z}, 0\right] = 0.$$

关于留数, 有下面定理.

定理 3.7（留数定理）　设函数 $f(z)$ 在区域 D 内除有限个孤立奇点 $z_1, z_2, \cdots, z_n$ 外处处解析, C 是 D 内包围各奇点的一条正向简单闭曲线, 那么

$$\oint_C f(z)\mathrm{d}z = 2\pi\mathrm{i}\sum_{k=1}^{n}\mathrm{Res}\big[f(z),z_k\big].$$

证明　把在 C 内的孤立奇点 $z_k(k=1,2,\cdots,n)$ 用互不包含的正向简单闭曲线 C_k 围绕起来（图 3.1），那么根据复合闭路定理有

$$\oint_C f(z)\mathrm{d}z = \sum_{k=1}^{n}\oint_{C_k} f(z)\mathrm{d}z.$$

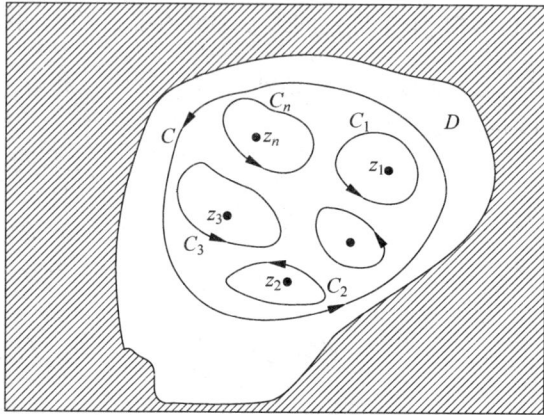

图　3.1

用 $2\pi!$ 除等式两边，再由留数定义，得

$$\frac{1}{2\pi\mathrm{i}}\oint_C f(z)\mathrm{d}z = \sum_{k=1}^{n}\mathrm{Res}\big[f(z),z_k\big],$$

即

$$\oint_C f(z)\mathrm{d}z = 2\pi\mathrm{i}\sum_{k=1}^{n}\mathrm{Res}\big[f(z),z_k\big]. \qquad\qquad \square$$

　　此定理实际上是柯西积分定理的推论，它把沿一条闭路 C 的积分，归结为求 C 内各孤立奇点处的留数和. 因此，当能够用一些简便方法把留数求出来时，便解决了一类积分的计算问题.

　　一般来说，求函数在其孤立奇点 z_0 处的留数只需求出它在以 z_0 为中心的圆环域内的洛朗级数中 $C_{-1}(z-z_0)^{-1}$ 项的系数 C_{-1} 就可以了. 但如果能先知道奇点的类型，对求留数更为有利. 例如，如果 z_0 是 $f(z)$ 的可去奇点，那么 $\mathrm{Res}\big[f(z),z_0\big]=0$；如果 z_0 是本性奇点，那就往往只能用把 $f(z)$ 在 z_0 展开成洛朗级数的方法来求 C_{-1}；若 z_0 是极点的情形，则可用较方便的求导数与求极限的方法得到留数.

3.2.2　函数在极点的留数

法则 I　如果 z_0 为 $f(z)$ 的简单极点，则

$$\operatorname{Res}[f(z),z_0]=\lim_{z\to z_0}(z-z_0)f(z). \tag{3.4}$$

证明　由于 z_0 是 $f(z)$ 的简单极点，因此

$$f(z)=\frac{C_{-1}}{z-z_0}+\sum_{n=0}^{\infty}C_n(z-z_0)^n\quad\left(0<|z-z_0|<\delta\right).$$

在上式两端乘以 $(z-z_0)$，有

$$(z-z_0)f(z)=C_{-1}+\sum_{n=0}^{\infty}C_n(z-z_0)^{n+1},$$

再两端取极限，得

$$\lim_{z\to z_0}(z-z_0)f(z)=C_{-1}. \qquad\qquad\square$$

例 3.12　求函数 $\dfrac{1}{z(z-2)(z+5)}$ 在各孤立奇点处的留数.

解　由于 $0,2,-5$ 是 $z(z-2)(z+5)$ 的一阶零点，因而它们是 $\dfrac{1}{z(z-2)(z+5)}$ 的一阶极点. 由式 (3.5) 即得

$$\operatorname{Res}\left[\frac{1}{z(z-2)(z+5)},0\right]=\lim_{z\to 0}\left[z\frac{1}{z(z-2)(z+5)}\right]=\lim_{z\to 0}\frac{1}{(z-2)(z+5)}=-\frac{1}{10},$$

$$\operatorname{Res}\left[\frac{1}{z(z-2)(z+5)},2\right]=\lim_{z\to 2}\left[(z-2)\frac{1}{z(z-2)(z+5)}\right]=\lim_{z\to 2}\frac{1}{z(z+5)}=\frac{1}{14},$$

$$\operatorname{Res}\left[\frac{1}{z(z-2)(z+5)},-5\right]=\lim_{z\to -5}\left[(z+5)\frac{1}{z(z-2)(z+5)}\right]=\lim_{z\to -5}\frac{1}{z(z-2)}=\frac{1}{35}.$$

法则 II　设 $f(z)=\dfrac{P(z)}{Q(z)}$，其中 $P(z),Q(z)$ 在 z_0 处解析，如果 $P(z_0)\neq 0$，z_0 为 $Q(z)$ 的一阶零点，则 z_0 为 $f(z)$ 的一阶极点，且

$$\operatorname{Res}[f(z),z_0]=\frac{P(z_0)}{Q'(z_0)}. \tag{3.5}$$

证明　因 z_0 为 $Q(z)$ 的一阶零点，故 z_0 为 $\dfrac{1}{Q(z)}$ 的一阶极点. 因此

$$\frac{1}{Q(z)}=\frac{1}{z-z_0}\varphi(z),$$

其中 $\varphi(z)$ 在 z_0 解析，且 $\varphi(z_0) \neq 0$，由此得

$$f(z) = \frac{1}{z - z_0} g(z),$$

其中 $g(z) = \varphi(z)P(z)$ 在 z_0 解析，且 $g(z_0) = \varphi(z_0)P(z_0) \neq 0$，故 z_0 为 $f(z)$ 的一阶极点.

根据法则 I，$\mathrm{Res}\big[f(z), z_0\big] = \lim_{z \to z_0}(z - z_0)f(z)$，而 $Q(z_0) = 0$，所以

$$(z - z_0)f(z) = \frac{P(z)}{\dfrac{Q(z) - Q(z_0)}{z - z_0}},$$

令 $z \to z_0$，即得式 (3.6).   □

法则 III　如果 z_0 为 $f(z)$ 的 m 阶极点，则

$$\mathrm{Res}\big[f(z), z_0\big] = \frac{1}{(m-1)!} \lim_{z \to z_0} \frac{\mathrm{d}^{m-1}}{\mathrm{d}z^{m-1}}\Big[(z - z_0)^m f(z)\Big]. \tag{3.6}$$

证明　由于

$$f(z) = C_{-m}(z - z_0)^{-m} + \cdots + C_{-2}(z - z_0)^{-2} + C_{-1}(z - z_0)^{-1} + C_0 + C_1(z - z_0) + \cdots,$$

以 $(z - z_0)^m$ 乘上式两端，得

$$(z - z_0)^m f(z) = C_{-m} + C_{-m+1}(z - z_0) + \cdots + C_{-1}(z - z_0)^{m-1} + C_0(z - z_0)^m + \cdots,$$

两边求 $m-1$ 阶导数，得

$$\frac{\mathrm{d}^{m-1}}{\mathrm{d}z^{m-1}}\Big[(z - z_0)^m f(z)\Big] = (m-1)!C_{-1} + \big[\text{含有}\, z - z_0\, \text{正幂的项}\big],$$

令 $z \to z_0$，两端求极限，右端的极限是 $(m-1)!C_{-1}$，则式(3.7)得证.   □

例 3.13　求函数 $f(z) = \dfrac{\mathrm{e}^{-z}}{z^2}$ 在 $z = 0$ 处的留数.

解　因 $z = 0$ 是 $f(z)$ 的二阶极点. 故由式 (3.7) 有

$$\mathrm{Res}\big[f(z), 0\big] = \frac{1}{(2-1)!} \lim_{z \to 0} \frac{\mathrm{d}}{\mathrm{d}z}\left[(z - 0)^2 \frac{\mathrm{e}^{-z}}{z^2}\right]$$

$$= \lim_{z \to 0}\big(-\mathrm{e}^{-z}\big) = -1.$$

例 3.14　计算积分 $\displaystyle\oint_{|z|=2} \frac{5z - 2}{z(z-1)^2}\,\mathrm{d}z.$

解　由于 $f(z) = \dfrac{5z - 2}{z(z-1)^2}$ 在圆周 $|z| = 2$ 内部有简单极点 $z = 0$ 及二阶极点 $z = 1$.

由法则 I，有

$$\text{Res}\big[f(z),0\big]=\lim_{z\to 0}z\,\frac{5z-2}{z(z-1)^2}=-2.$$

由法则 II，有

$$\text{Res}\big[f(z),1\big]=\lim_{z\to 1}\frac{\mathrm{d}}{\mathrm{d}z}\left[(z-1)^2\,\frac{5z-2}{z(z-1)^2}\right]=\lim_{z\to 1}\frac{2}{z^2}=2.$$

由留数定理得

$$\oint_{|z|=2}\frac{5z-2}{z(z-1)^2}\,\mathrm{d}z=2\pi\mathrm{i}(-2+2)=0.$$

例 3.15　计算 $\displaystyle\oint_{|z|=2}\frac{\sin^2 z}{z^2(z-1)}\mathrm{d}z$.

解　由于 $f(z)=\dfrac{\sin^2 z}{z^2(z-1)}$ 在圆周 $|z|=2$ 内部有可去奇点 $z=0$ 及简单极点 $z=1$. 由于可去奇点的留数为零，即 $\text{Res}\big[f(z),0\big]=0$，又由法则 I 知

$$\text{Res}\big[f(z),1\big]=\lim_{z\to 1}(z-1)\frac{\sin^2 z}{z^2(z-1)}=\sin^2 1.$$

则由留数定理，得

$$\oint_{|z|=2}\frac{\sin^2 z}{z^2(z-1)}\mathrm{d}z=2\pi\mathrm{i}\sin^2 1.$$

3.3　留数在定积分计算中的应用

留数定理为某些类型积分的计算提供了极为有效的方法. 应用留数定理计算实变函数定积分的方法称为围道积分方法. 所谓围道积分方法，概括起来说，就是把求实变函数的积分化为复变函数沿围线的积分，然后应用留数定理，使沿围线的积分计算归结为留数计算. 要使用留数计算，需要两个条件：一是被积函数与某个解析函数有关；其次，定积分可化为某个沿闭路的积分. 现就几个特殊类型举例说明.

3.3.1　形如 $\displaystyle\int_0^{2\pi}R(\cos\theta,\sin\theta)\mathrm{d}\theta$ 的积分

令 $z=\mathrm{e}^{\mathrm{i}\theta},\mathrm{d}z=\mathrm{i}\mathrm{e}^{\mathrm{i}\theta}\mathrm{d}\theta$,

$$\sin\theta=\frac{\mathrm{e}^{\mathrm{i}\theta}-\mathrm{e}^{-\mathrm{i}\theta}}{2\mathrm{i}}=\frac{z^2-1}{2\mathrm{i}z},\quad \cos\theta=\frac{\mathrm{e}^{\mathrm{i}\theta}+\mathrm{e}^{-\mathrm{i}\theta}}{2}=\frac{z^2+1}{2z}.$$

$R(\cos\theta,\sin\theta)$ 是 $\cos\theta,\sin\theta$ 的有理函数；作为 θ 的函数，在 $0\leqslant\theta\leqslant 2\pi$ 上连续.

当 θ 经历变程 $[0,2\pi]$ 时，对应的 z 正好沿单位圆 $|z|=1$ 的正向绕行一周.
$f(z)=R\left(\dfrac{z^2+1}{2z},\dfrac{z^2-1}{2\mathrm{i}z}\right)$ 在积分闭路 $|z|=1$ 上无奇点，则

$$\int_0^{2\pi} R(\cos\theta,\sin\theta)\,\mathrm{d}\theta = \oint_{|z|=1} R\left(\frac{z^2+1}{2z},\frac{z^2-1}{2\mathrm{i}z}\right)\frac{\mathrm{d}z}{\mathrm{i}z}$$

$$= \oint_{|z|=1} f(z)\mathrm{d}z = 2\pi\mathrm{i}\sum_{k=1}^{n}\mathrm{Res}[f(z),z_k].$$

例 3.16 计算 $I=\displaystyle\int_0^{2\pi}\dfrac{\mathrm{d}\theta}{2.5+2\cos\theta}$ 的值.

解 $I=\displaystyle\int_0^{2\pi}\dfrac{\mathrm{d}\theta}{2.5+2\cos\theta}=\oint_{|z|=1}\dfrac{1}{2.5+2\dfrac{z^2+1}{2z}}\dfrac{\mathrm{d}z}{\mathrm{i}z}$

$$= \frac{2}{\mathrm{i}}\oint_{|z|=1}\frac{\mathrm{d}z}{(2z+1)(z+2)} = \oint_{|z|=1} f(z)\mathrm{d}z.$$

在被积函数的二个极点 $z=-\dfrac{1}{2},-2$ 中，只有 $z=-\dfrac{1}{2}$ 在圆周 $|z|=1$ 内，

$$\mathrm{Res}\left[f(z),-\frac{1}{2}\right]=\lim_{z\to-\frac{1}{2}}\left[\left(z+\frac{1}{2}\right)\frac{1}{(2z+1)(z+2)}\right]=\frac{1}{3},$$

因此

$$I=2\pi\mathrm{i}\left[\frac{2}{\mathrm{i}}\frac{1}{3}\right]=\frac{4\pi}{3}.$$

例 3.17 计算 $I=\displaystyle\int_0^{2\pi}\dfrac{\cos 2\theta}{1-2p\cos\theta+p^2}\mathrm{d}\theta\ (0<p<1)$ 的值.

解 由于 $0<p<1$，被积函数的分母

$$1-2p\cos\theta+p^2=(1-p)^2+2p(1-\cos\theta)$$

在 $0\leqslant\theta\leqslant 2\pi$ 内不为零，因而积分是有意义的. 由于

$$\cos 2\theta=\frac{1}{2}(\mathrm{e}^{2\mathrm{i}\theta}+\mathrm{e}^{-2\mathrm{i}\theta})=\frac{1}{2}(z^2+z^{-2}),$$

因此

$$I=\oint_{|z|=1}\frac{z^2+z^{-2}}{2}\frac{1}{1-2p\dfrac{z+z^{-1}}{2}+p^2}\frac{\mathrm{d}z}{\mathrm{i}z}=\oint_{|z|=1}\frac{1+z^4}{2\mathrm{i}z^2(1-pz)(z-p)}\mathrm{d}z=\oint_{|z|=1} f(z)\mathrm{d}z.$$

在被积函数的三个极点 $z=0,p,\dfrac{1}{p}$ 中只有前两个在圆周 $|z|=1$ 内，其中 $z=0$ 为二阶极点，$z=p$ 为一阶极点，所以在圆周 $|z|=1$ 上被积函数无奇点，而

$$\operatorname{Res}\big[f(z),p\big]=\lim_{z\to p}\left[(z-p)\frac{1+z^4}{2iz^2(1-pz)(z-p)}\right]=\frac{1+p^4}{2ip^2(1-p^2)},$$

$$\operatorname{Res}\big[f(z),0\big]=\lim_{z\to 0}\frac{\mathrm{d}}{\mathrm{d}z}\left[z^2\frac{1+z^4}{2iz^2(1-pz)(z-p)}\right]$$

$$=\lim_{z\to 0}\frac{(z-pz^2-p+p^2z)4z^3-(1+z^4)(1-2pz+p^2)}{2i(z-pz^2-p+p^2z)^2}=-\frac{1+p^2}{2ip^2},$$

因此

$$I=2\pi i\left[-\frac{1+p^2}{2ip^2}+\frac{1+p^4}{2ip^2(1-p^2)}\right]=\frac{2\pi p^2}{1-p^2}.$$

本章小结

本章研究了留数理论的基础——留数基本定理以及其在定积分计算中的应用，学习要点如下：

（1）本章研究的主要内容就其实质来说是解析函数积分理论的继续，第 1 章的柯西积分定理与柯西积分公式就是留数基本定理的特例. 留数的定义是用孤立奇点处的洛朗级数负一次幂项的系数来定义的. 留数基本定理把解析函数沿封闭曲线的积分计算问题转化为求函数在该封闭曲线内部各个孤立奇点处的留数问题，这充分显示了留数的积分表达形式在解析函数的积分计算中所具有的重要价值，同学们对此应有明确的认识.

（2）函数在其极点的留数计算极为常见. 如把"函数的零阶导数"定义为"函数本身"，则当 z_0 为 $f(z)$ 的 m 阶极点时，可以有统一公式：

$$\operatorname{Res}\big[f(z),z_0\big]=\frac{1}{(m-1)!}\lim_{z\to z_0}\frac{\mathrm{d}^{m-1}}{\mathrm{d}^{m-1}z}\Big[(z-z_0)^m f(z)\Big]\quad(m\text{为正整数}),$$

这自然就把求留数的问题转化为求导数和极限的问题了.

（3）留数理论为计算某些类型的实变量函数的定积分提供了极为有效的方法，尤其是对那些计算比较复杂或不能直接用不定积分来计算的定积分，留数理论的实用价值就得到了充分的体现. 甚至对那些用普通方法也能求出来的定积分，如果应用留数理论计算同样也比较简捷省力.

习题 3

3.1 问 $z = 0$ 是否为下列函数的孤立奇点？

（1）$e^{\frac{1}{z}}$；   （2）$\cot\dfrac{1}{z}$；   （3）$\dfrac{1}{\sin z}$.

3.2 找出下列各函数的所有零点，并指明其阶数：

（1）$\dfrac{z^2+9}{z^4}$；   （2）$z \sin z$；   （3）$z^2(e^{z^2}-1)$.

3.3 下列各函数有哪些有限奇点？各属何类型（如是极点，指出它的阶数）：

（1）$\dfrac{z-1}{z(z^2+4)^2}$；   （2）$\dfrac{\sin z}{z^3}$；   （3）$\dfrac{1}{\sin z + \cos z}$；

（4）$\dfrac{1}{z^2(e^z-1)}$；   （5）$\dfrac{\ln(1+z)}{z}$；   （6）$\dfrac{1}{e^z-1}-\dfrac{1}{z}$.

3.4 证明：设函数 $f(z)$ 在 $0 < |z - z_0| < \delta\ (0 < \delta < +\infty)$ 内解析，那么 z_0 是 $f(z)$ 的极点的充分必要条件是 $\lim\limits_{z \to z_0} f(z) = \infty$.

3.5 求出下列函数在有限孤立奇点处的留数：

（1）$\dfrac{e^z-1}{z}$；   （2）$\dfrac{z^7}{(z-2)(z^2+1)}$；   （3）$\dfrac{\sin 2z}{(z+1)^3}$；

（4）$z^2 \sin\dfrac{1}{z}$；   （5）$\dfrac{1}{z \sin z}$.

3.6 利用留数计算下列积分：

（1）$\oint_{|z|=1} \dfrac{dz}{z \sin z}$；   （2）$\oint_{|z|=\frac{3}{2}} \dfrac{e^z}{(z-1)(z+3)^2} dz$；

（3）$\oint_{|z|=2} \dfrac{e^{2z}}{(z-1)^2} dz$；   （4）$\oint_{|z|=\frac{1}{2}} \dfrac{\sin z}{z(1-e^z)} dz$.

3.7 求下列各积分之值：

（1）$\displaystyle\int_0^{2\pi} \dfrac{d\theta}{a+\cos\theta}\ (a>1)$；   （2）$\displaystyle\int_0^{2\pi} \dfrac{d\theta}{5+3\cos\theta}$.

第 4 章　傅里叶变换

在自然科学和工程技术中为了把较复杂的运算转化为较简单的运算，人们常采用变换的方法来达到目的. 例如在初等数学中，数量的乘积和商可以通过对数变换化为较简单的加法和减法运算，在工程数学里积分变换能够将分析运算（如微分、积分）转化为代数运算. 正是积分变换的这一特性，使得它在微分方程的求解中成为重要的方法之一.

本章将要介绍的傅里叶变换（Fourier）变换，则是一种对连续时间函数的积分变换，即通过某种积分运算，把一个函数化为另一个函数，同时还具有对称形式的逆变换. 它既能简化计算，如求解微分方程、化卷积为乘积等，又具有非常特殊的物理意义，因而在许多领域被广泛地应用. 而在此基础上发展起来的离散傅里叶变换，在当今数字时代更是显得尤为重要.

4.1　傅里叶变换的概念

在讨论傅里叶变换之前，有必要先来回顾一下傅里叶级数（也简称傅氏级数）展开.

4.1.1　傅里叶级数

1804 年，傅里叶首次提出"在有限区间上由任意图形定义的任意函数都可以表示为单纯的正弦与余弦之和"，但并没有给出严格的证明. 1829 年，由法国数学家狄利克雷（Dirichlet）证明了下面的定理，为傅里叶级数奠定了理论基础.

定理 4.1　设 $f_T(t)$ 是以 T 为周期的实值函数，且在 $\left[-\dfrac{T}{2},\dfrac{T}{2}\right]$ 上满足狄利克雷条件(简称狄氏条件)，即 $f_T(t)$ 在 $\left[-\dfrac{T}{2},\dfrac{T}{2}\right]$ 上满足：

（1）连续或只有有限个第一类间断点；

（2）只有有限个极值点，

则在 $f_T(t)$ 的连续点处有

$$f_T(t) = \frac{a_0}{2} + \sum_{n=1}^{\infty}(a_n \cos n\omega_0 t + b_n \sin n\omega_0 t), \tag{4.1}$$

其中 $\omega_0 = \dfrac{2\pi}{T}$ ，

$$a_n = \frac{2}{T}\int_{-\frac{T}{2}}^{\frac{T}{2}} f_T(t)\cos n\omega_0 t \mathrm{d}t \quad (n = 0,1,\cdots),$$

$$b_n = \frac{2}{T}\int_{-\frac{T}{2}}^{\frac{T}{2}} f_T(t)\sin n\omega_0 t \mathrm{d}t \quad (n = 1,2,\cdots),$$

在间断点 t_0 处，式 (4.1) 左端为 $\frac{1}{2}[f_T(t_0 + 0) + f_T(t_0 - 0)]$.

由于正弦函数与余弦函数可以统一地由指数函数表示，因此可以得到另外一种更为简洁的形式. 根据欧拉公式可知(其中 $\mathrm{j} = \sqrt{-1}$)：

$$\cos n\omega_0 t = \frac{1}{2}(\mathrm{e}^{\mathrm{j}n\omega_0 t} + \mathrm{e}^{-\mathrm{j}n\omega_0 t}),$$

$$\sin n\omega_0 t = \frac{\mathrm{j}}{2}(\mathrm{e}^{-\mathrm{j}n\omega_0 t} - \mathrm{e}^{\mathrm{j}n\omega_0 t}).$$

代入式 (4.1) 得

$$f_T(t) = \frac{a_0}{2} + \sum_{n=1}^{\infty}\left(\frac{a_n - \mathrm{j}b_n}{2}\mathrm{e}^{\mathrm{j}n\omega_0 t} + \frac{a_n + \mathrm{j}b_n}{2}\mathrm{e}^{-\mathrm{j}n\omega_0 t}\right).$$

令

$$c_0 = \frac{a_0}{2}, \quad c_n = \frac{a_n - \mathrm{j}b_n}{2}, \quad c_{-n} = \frac{a_n + \mathrm{j}b_n}{2} \quad (n = 1,2,\cdots),$$

可得

$$f_T(t) = \sum_{n=-\infty}^{+\infty} c_n \mathrm{e}^{\mathrm{j}n\omega_0 t}, \tag{4.2}$$

$$c_n = \frac{1}{T}\int_{-\frac{T}{2}}^{\frac{T}{2}} f_T(t)\mathrm{e}^{-\mathrm{j}n\omega_0 t}\mathrm{d}t \quad (n = 0,\pm 1,\pm 2,\cdots). \tag{4.3}$$

这里系数 c_n 既可直接由式 (4.2) 以及函数族 $\{\mathrm{e}^{\mathrm{j}n\omega_0 t}\}$ 的正交性得到，也可根据 c_n 与 a_n, b_n 的关系以及 a_n, b_n 的计算公式得到，且 c_n 具有唯一性.

称式 (4.1) 为傅里叶级数的三角形式，而称式 (4.2) 为傅里叶级数的复指数形式. 工程中一般采用后一种形式.

傅里叶级数有非常明确的物理含义. 事实上，在式 (4.1) 中，令

$$A_0 = \frac{a_0}{2}, \quad A_n = \sqrt{a_n^2 + b_n^2}, \quad \cos\theta_n = \frac{a_n}{A_n}, \quad \sin\theta_n = -\frac{b_n}{A_n} \quad (n = 1,2,\cdots),$$

则式 (4.1) 变为

$$f_T(t) = A_0 + \sum_{n=1}^{+\infty} A_n (\cos\theta_n \cos n\omega_0 t - \sin\theta_n \sin n\omega_0 t)$$

$$= A_0 + \sum_{n=1}^{+\infty} A_n \cos(n\omega_0 t + \theta_n).$$

若 $f_T(t)$ 表示信号, 则上式说明, 一个周期为 T 的信号可以分解为简谐波之和, 这些谐波的 (角) 频率分别为一个基频 ω_0 的倍数. 换句话说, 信号 $f_T(t)$ 并不含有各种频率成分, 而仅由一系列具有离散频率的谐波所构成. 其中 A_n 反映了频率为 $n\omega_0$ 的谐波在 $f_T(t)$ 中所占的份额, 称为振幅; θ_n 则反映了频率为 $n\omega_0$ 的谐波沿时间轴移动的大小, 称为相位. 这两个指标完全刻画了信号 $f_T(t)$ 的性态.

另一方面, 由式 (4.2) 及 c_n 与 a_n, b_n 的关系, 得

$$c_0 = A_0, \quad \arg c_n = -\arg c_{-n} = \theta_n, \quad |c_n| = |c_{-n}| = \frac{1}{2}\sqrt{a_n^2 + b_n^2} = \frac{A_n}{2} \quad (n = 1, 2, \cdots).$$

因此 c_n 作为一个复数, 其模与辐角正好反映了信号 $f_T(t)$ 中频率为 $n\omega_0$ 的简谐波的振幅与相位. 其中振幅 A_n 被平均分配到正负频率上, 而负频率的出现则完全是为了数学表示的方便, 它与正频率一起构成同一个简谐波. 由此可见, 仅由系数 c_n 就可以完全刻画信号 $f_T(t)$ 的频率特性. 故称 c_n 为周期函数 $f_T(t)$ 的离散频谱, $|c_n|$ 为离散振幅谱, $\arg c_n$ 为离散相位谱. 为了进一步明确 c_n 与频率 $n\omega_0$ 的对应关系, 常常记 $c_n = F(n\omega_0)$.

例 4.1 求以 T 为周期的函数

$$f_T(t) = \begin{cases} 0, & -T/2 < t < 0, \\ 2, & 0 < t < T/2 \end{cases}$$

的离散频谱和它的傅里叶级数的复指数形式.

解 $\omega_0 = \dfrac{2\pi}{T}$, $c_0 = F(0) = \dfrac{1}{T}\displaystyle\int_{-\frac{T}{2}}^{\frac{T}{2}} f_T(t)\mathrm{d}t = \dfrac{1}{T}\displaystyle\int_0^{\frac{T}{2}} 2\mathrm{d}t = 1$,

$$c_n = F(n\omega_0) = \frac{1}{T}\int_{-\frac{T}{2}}^{\frac{T}{2}} f_T(t)\mathrm{e}^{-\mathrm{j}n\omega_0 t}\mathrm{d}t = \frac{2}{T}\int_0^{\frac{T}{2}} \mathrm{e}^{-\mathrm{j}n\omega_0 t}\mathrm{d}t$$

$$= -\frac{2}{\mathrm{j}n\omega_0 T}(\mathrm{e}^{-\mathrm{j}n\omega_0 T/2} - 1) = \frac{\mathrm{j}}{n\pi}(\mathrm{e}^{-\mathrm{j}n\pi} - 1) = \begin{cases} 0, & \text{当}n\text{为偶数,} \\ -\dfrac{2\mathrm{j}}{n\pi}, & \text{当}n\text{为奇数.} \end{cases}$$

$f_T(t)$ 的傅里叶级数的复指数形式为

$$f_T(t) = 1 + \sum_{n=-\infty}^{+\infty} \frac{-2\mathrm{j}}{(2n-1)\pi}\mathrm{e}^{\mathrm{j}(2n-1)\omega_0 t}.$$

振幅谱和相位谱分别为

$$|F(n\omega_0)| = |c_n| = \begin{cases} 1, & n=0, \\ 0, & n=\pm2,\pm4,\cdots, \\ \dfrac{2}{|n|\pi}, & n=\pm1,\pm3,\cdots, \end{cases} \qquad \arg F(n\omega_0) = \begin{cases} 0, & n=0,\pm2,\pm4,\cdots, \\ -\dfrac{\pi}{2}, & n=1,3,5,\cdots, \\ \dfrac{\pi}{2}, & n=-1,-3,-5\cdots. \end{cases}$$

其图形如图 4.1 所示.

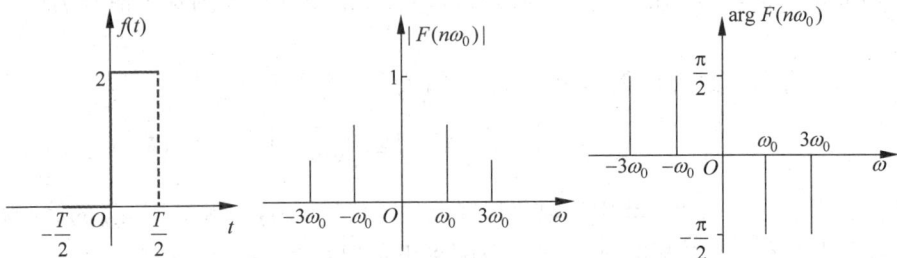

图　4.1

4.1.2　傅氏积分与傅氏变换

通过前面的讨论，得知一个周期函数可以展开为傅里叶级数，那么，对非周期函数是否同样适合呢？傅里叶级数展开表明周期为 T 的函数 $f_T(t)$ 可由一系列的以 $\omega_0 = \dfrac{2\pi}{T}$ 为间隔的离散频率所形成的简谐波合成（求和），其频谱以 ω_0 为间隔离散取值. 当 T 越来越大时，取值间隔 ω_0 越来越小；当 $T \to +\infty$ 时，周期函数变成了非周期函数，其频谱将在 ω 上连续取值，即一个非周期函数将包含所有的频率成分. 这样离散函数的求和就变成连续函数的积分了.

1. 傅里叶积分公式

按照上面的分析方式（令 $T \to +\infty$），由周期函数的傅里叶级数来推导非周期函数的傅里叶积分公式. 这里只是形式推导，并不是严格的证明. 有关严格证明可参考数学分析方面的相关教材.

记 $\omega_0 = \Delta\omega$，$n\omega_0 = \omega_n$，则 $T = \dfrac{2\pi}{\omega_0} = \dfrac{2\pi}{\Delta\omega}$，由式 (4.2) 与式 (4.3)，得

$$f(t) = \lim_{T \to +\infty} f_T(t) = \lim_{T \to \infty} \sum_{n=-\infty}^{+\infty} \left[\frac{1}{T} \int_{-\frac{T}{2}}^{\frac{T}{2}} f_T(\tau) e^{-jn\omega_0 \tau} \,d\tau \right] e^{jn\omega_0 t}$$

$$= \frac{1}{2\pi} \lim_{\Delta\omega \to 0} \sum_{n=-\infty}^{+\infty} \left[\int_{-\frac{\pi}{\Delta\omega}}^{\frac{\pi}{\Delta\omega}} f_T(\tau) \mathrm{e}^{-\mathrm{j}\omega_n\tau} \mathrm{d}\tau \cdot \mathrm{e}^{\mathrm{j}\omega_n t} \right] \Delta\omega$$

所以
$$f(t) = \frac{1}{2\pi} \int_{-\infty}^{+\infty} \left[\int_{-\infty}^{+\infty} f(\tau) \mathrm{e}^{-\mathrm{j}\omega\tau} \mathrm{d}\tau \right] \mathrm{e}^{\mathrm{j}\omega t} \mathrm{d}\omega. \tag{4.4}$$

由此得到下面的定理:

定理 4.2（傅氏积分定理）　如果 $f(t)$ 在 $(-\infty, +\infty)$ 上的任一有限区间满足狄氏条件, 且在 $(-\infty, +\infty)$ 上绝对可积$\left(\text{即} \int_{-\infty}^{+\infty} |f(t)| \mathrm{d}t < +\infty\right)$, 则式 (4.4) 成立. 在 $f(t)$ 的间断点处, 式 (4.4) 的左端应为 $\frac{1}{2}[f(t+0) + f(t-0)]$. 称式 (4.4) 为傅里叶积分公式, 简称傅氏积分.

2. 傅里叶变换

从式 (4.4) 出发, 令
$$F(\omega) = \int_{-\infty}^{+\infty} f(t) \mathrm{e}^{-\mathrm{j}\omega t} \mathrm{d}t, \tag{4.5}$$

则有
$$f(t) = \frac{1}{2\pi} \int_{-\infty}^{+\infty} F(\omega) \mathrm{e}^{\mathrm{j}\omega t} \mathrm{d}\omega. \tag{4.6}$$

上面两式中的反常积分是柯西意义下的主值, 在 $f(t)$ 的间断点处, 式 (4.6) 的左端应为 $\frac{1}{2}[f(t+0) + f(t-0)]$.

可以看出, 由式 (4.5) 与式 (4.6) 定义了一个变换对, 即对于任一已知函数 $f(t)$, 通过指定的积分运算, 得到一个与之对应的函数 $F(\omega)$; 而 $F(\omega)$ 通过类似的积分运算, 可以恢复到 $f(t)$. 它们具有非常优美的对称形式, 且有明确的物理意义和极好的数学性质. 由于它们是从傅氏级数得来的, 因此可以给出如下定义.

定义 4.1　称式 (4.5) 为傅里叶变换（简称傅氏变换）, 其中函数 $F(\omega)$ 称为 $f(t)$ 的像函数, 记为 $F(\omega) = \mathcal{F}[f(t)]$; 称式 (4.6) 为傅里叶逆变换（简称傅氏逆变换）, 其中函数 $f(t)$ 称为 $F(\omega)$ 的像原函数, 记为 $f(t) = \mathcal{F}^{-1}[F(\omega)]$.

这样, $f(t)$ 与 $F(\omega)$ 构成了一个傅氏变换对: $f(t) \leftrightarrow F(\omega)$. 与傅氏级数一样, 傅氏变换也有明确的物理意义, 式 (4.6) 说明非周期函数也是由许多不同频率的正弦、余弦分量合成, 且它包含了从零到无穷大的所有频率分量. 而 $F(\omega)$ 是 $f(t)$ 中各频率分量的分布密度. 因此, 称 $F(\omega)$ 为频谱密度函数（简称频谱）, 称 $|F(\omega)|$ 为振幅谱, 称 $\arg F(\omega)$ 为相位谱. 由于这种特殊的物理含义, 因而傅氏

变换在工程实际中得到广泛的应用.

例 4.2 求矩形脉冲函数 $f(t) = \begin{cases} 1, & |t| \leqslant \delta, \\ 0, & |t| > \delta \end{cases} (\delta > 0)$ 的傅氏变换及傅氏积分表达式.

解 $F(\omega) = \mathcal{F}[f(t)] = \int_{-\infty}^{+\infty} f(t)\mathrm{e}^{-\mathrm{j}\omega t}\mathrm{d}t = \int_{-\delta}^{\delta} \mathrm{e}^{-\mathrm{j}\omega t}\mathrm{d}t = -\frac{1}{\mathrm{j}\omega}\mathrm{e}^{-\mathrm{j}\omega t}\Big|_{-\delta}^{\delta}$

$$= -\frac{1}{\mathrm{j}\omega}(\mathrm{e}^{-\mathrm{j}\omega\delta} - \mathrm{e}^{\mathrm{j}\omega\delta}) = 2\frac{\sin\delta\omega}{\omega} = 2\delta\frac{\sin\delta\omega}{\delta\omega}.$$

振幅谱为 $|F(\omega)| = 2\delta\left|\dfrac{\sin\delta\omega}{\delta\omega}\right|$.

相位谱为 $\arg F(\omega) = \begin{cases} 0, & \dfrac{2n\pi}{\delta} \leqslant |\omega| \leqslant \dfrac{(2n+1)\pi}{\delta}, \\ \pi, & \dfrac{(2n+1)\pi}{\delta} < |\omega| < \dfrac{(2n+2)\pi}{\delta}, \end{cases}$ $n = 0, 1, \cdots$. 其图形如图 4.2

所示.

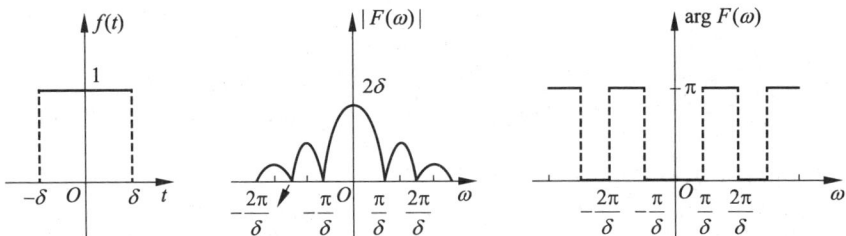

图 4.2

再根据式 (4.6)（注意其中间断点的取值）可得到傅氏逆变换，即 $f(t)$ 的傅氏积分表达式为

$$f(t) = \mathcal{F}^{-1}[F(\omega)] = \frac{1}{2\pi}\int_{-\infty}^{+\infty} F(\omega)\mathrm{e}^{\mathrm{j}\omega t}\mathrm{d}\omega = \frac{1}{2\pi}\int_{-\infty}^{+\infty}\frac{2\sin\delta\omega}{\omega}\mathrm{e}^{\mathrm{j}\omega t}\mathrm{d}\omega$$

$$= \frac{1}{2\pi}\int_{-\infty}^{+\infty}\frac{2\sin\delta\omega}{\omega}\cos\omega t\,\mathrm{d}\omega + \frac{\mathrm{j}}{2\pi}\int_{-\infty}^{+\infty}\frac{2\sin\delta\omega}{\omega}\sin\omega t\,\mathrm{d}\omega$$

$$= \frac{2}{\pi}\int_{0}^{+\infty}\frac{\sin\delta\omega}{\omega}\cos\omega t\,\mathrm{d}\omega = \begin{cases} 1, & |t| < \delta, \\ \dfrac{1}{2}, & |t| = \delta, \\ 0, & |t| > \delta. \end{cases}$$

上式中，令 $t = 0$，可得重要积分公式：

$$\int_0^{+\infty}\frac{\sin x}{x}\mathrm{d}x=\frac{\pi}{2}.$$

例 4.3　已知 $f(t)$ 的频谱为 $F(\omega)=\begin{cases}0,&|\omega|\geqslant\alpha,\\1,&|\omega|<\alpha\end{cases}(\alpha>0)$，求 $f(t)$.

解　$f(t)=\mathcal{F}^{-1}[F(\omega)]=\dfrac{1}{2\pi}\displaystyle\int_{-\infty}^{+\infty}F(\omega)\mathrm{e}^{\mathrm{j}\omega t}\mathrm{d}\omega=\dfrac{1}{2\pi}\int_{-\alpha}^{\alpha}\mathrm{e}^{\mathrm{j}\omega t}\mathrm{d}\omega$

$$=\frac{\sin\alpha t}{\pi t}=\frac{\alpha}{\pi}\left(\frac{\sin\alpha t}{\alpha t}\right).$$

记 $Sa(t)=\dfrac{\sin t}{t}$，则 $f(t)=\dfrac{\alpha}{\pi}Sa(\alpha t)$，当 $t=0$ 时，定义 $f(0)=\dfrac{\alpha}{\pi}$. 信号 $Sa(t)$ 称为抽样信号，由于它具有非常特殊的频谱形式，因而在连续时间信号的离散化、离散时间信号的恢复以及信号滤波中发挥了重要的作用. 其图形如图 4.3 所示.

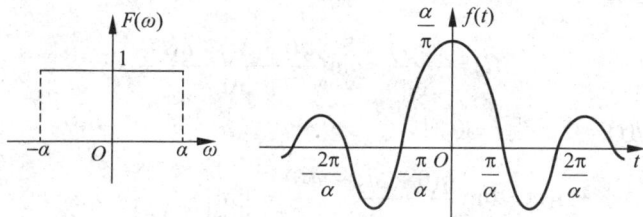

图　4.3

例 4.4　求单边指数衰减函数 $f(t)=\begin{cases}\mathrm{e}^{-\alpha t},&t\geqslant0,\\0,&t<0\end{cases}(\alpha>0)$ 的傅氏变换，并画出频谱图.

解　$F(\omega)=\mathcal{F}[f(t)]=\displaystyle\int_{-\infty}^{+\infty}f(t)\mathrm{e}^{-\mathrm{j}\omega t}\mathrm{d}t=\int_0^{+\infty}\mathrm{e}^{-(\alpha+\mathrm{j}\omega)t}\mathrm{d}t=\frac{1}{\alpha+\mathrm{j}\omega}=\frac{\alpha-\mathrm{j}\omega}{\alpha^2+\omega^2}.$

振幅谱为 $|F(\omega)|=\dfrac{1}{\sqrt{\alpha^2+\omega^2}}$，相位谱为 $\arg F(\omega)=-\arctan\dfrac{\omega}{\alpha}$，其图形如图 4.4 所示.

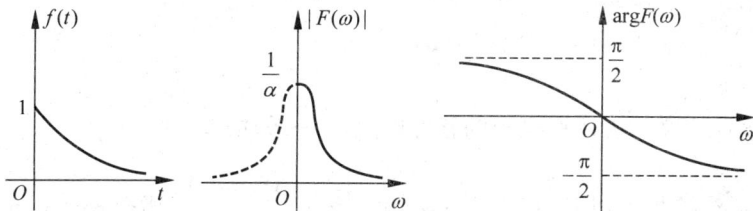

图　4.4

4.2 单位冲激函数(δ-函数)

傅里叶级数与傅里叶变换以不同形式反映了周期函数与非周期函数的频谱特性，是否可以借助某种手段将它们统一起来？更具体的说，是否能够将离散频谱以连续频谱的方式表现出来？这就需要引入下面将要介绍的单位脉冲函数与广义傅里叶变换. 在实际工程中，有许多物理现象具有一种脉冲特征，它们仅在某一瞬间或某一点出发，在物理学中常常有质点、点电荷、瞬时力等抽象模型，如瞬时冲击力、脉冲电流、质点的质量等，这些物理量都不能用通常的函数形式去描述. 为了描述这一类抽象的概念，下面介绍单位冲激函数.

引例：在原来电流为零的电路中，某一瞬时(设为 $t=0$)进入一单位电量的脉冲，现在要确定电路上的电流 $i(t)$.以 $q(t)$ 表示上述电路中的电荷函数，则
$$q(t) = \begin{cases} 0, & t \neq 0, \\ 1, & t = 0. \end{cases}$$由于电流强度是电荷函数对时间的变化率，即

$$i(t) = \frac{\mathrm{d}q(t)}{\mathrm{d}t} = \lim_{\Delta t \to 0} \frac{q(t+\Delta t) - q(t)}{\Delta t},$$

当 $t \neq 0$ 时，$i(t) = 0$；当 $t = 0$ 时，

$$i(t) = \lim_{\Delta t \to 0} \frac{q(0+\Delta t) - q(0)}{\Delta t} = \lim_{\Delta t \to 0} \left(-\frac{1}{\Delta t} \right) = \infty.$$

注 $q(t)$ 是不连续函数，在普通导数意义下，$q(t)$ 在 $t=0$ 这一点是不能求导数的. 上面只是形式地计算这个导数. 这就表明在通常意义下的函数类中找不到一个函数能够用来表示上述电路的电流强度，为了确定电流强度，于是引入了单位冲激函数，又称为狄拉克（Dirac）函数或δ-函数.

4.2.1 单位冲激函数的概念及其性质

1. δ-函数的定义

定义 4.2 对于任何一个无穷次可微的函数 $\delta(t)$，如果满足两个条件：

（1）当 $t \neq 0$ 时，$\delta(t) = 0$；

（2）$\int_{-\infty}^{+\infty} \delta(t)\mathrm{d}t = 1$，

则称其为δ-函数.

根据此定义，上述引例中的脉冲电流 $i(t) = \delta(t)$.

注 δ-函数可以直观理解为 $\delta_\varepsilon(t) = \begin{cases} \dfrac{1}{\varepsilon}, & 0 \leqslant t \leqslant \varepsilon, \\ 0, & \text{其他}, \end{cases}$ 那么 $\delta(t) = \lim_{\varepsilon \to 0} \delta_\varepsilon(t) = $

$$\begin{cases} 0, & t \neq 0, \\ \infty, & t = 0, \end{cases} \text{所以} \int_{-\infty}^{+\infty} \delta(t)\mathrm{d}t = \lim_{\varepsilon \to 0} \int_{-\infty}^{+\infty} \delta_\varepsilon(t)\mathrm{d}t = \lim_{\varepsilon \to 0} \int_0^\varepsilon \frac{1}{\varepsilon}\mathrm{d}t = 1.$$

2. δ-函数的性质

（1）筛选性质：$\int_{-\infty}^{+\infty} \delta(t)f(t)\mathrm{d}t = f(0)$，其中 $f(t)$ 是 $\mathbb{R}$ 上的有界函数，在 $t = 0$ 点连续.

证明 $\int_{-\infty}^{+\infty} \delta(t)f(t)\mathrm{d}t = \lim_{\varepsilon \to 0} \int_{-\infty}^{+\infty} \delta_\varepsilon(t)f(t)\mathrm{d}t = \lim_{\varepsilon \to 0} \int_0^\varepsilon \frac{1}{\varepsilon}f(t)\mathrm{d}t$

$$= \lim_{\varepsilon \to 0} \frac{1}{\varepsilon} \int_0^\varepsilon f(t)\mathrm{d}t = \lim_{\varepsilon \to 0} f(\theta\varepsilon) = f(0) \quad (0 < \theta < 1). \qquad \square$$

更一般地，若 $f(t)$ 在 $t = t_0$ 点连续，则 $\int_{-\infty}^{+\infty} \delta(t - t_0)f(t)\mathrm{d}t = f(t_0)$. 这个性质也常常被人们用来定义 δ-函数，即采用检验的方式来考察某个函数是否为 δ-函数.

（2）δ-函数为偶函数，即 $\delta(t) = \delta(-t)$.

（3）设 $u(t)$ 为单位阶跃函数，即 $u(t) = \begin{cases} 1, & t > 0, \\ 0, & t < 0, \end{cases}$ 则有

$$\int_{-\infty}^t \delta(t)\mathrm{d}t = u(t), \quad \frac{\mathrm{d}u(t)}{\mathrm{d}t} = \delta(t).$$

3. δ-函数的几何解释

常用一个从原点出发长度为 1 的有向线段来表示 δ-函数（如图 4.5 所示），其中有向线段的长度代表 δ-函数的积分值，称为冲激强度.

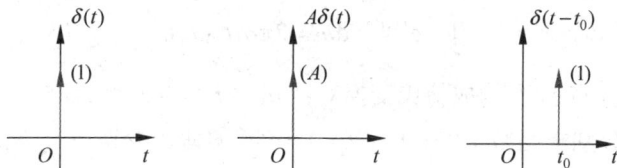

图　4.5

例 4.5　求 $\int_{-1}^5 \sin\left(t - \frac{\pi}{4}\right)\delta(t)\mathrm{d}t$ 与 $\int_{-3}^0 \sin\left(t - \frac{\pi}{4}\right)\delta(t-1)\mathrm{d}t$ 的值.

解　由 δ-函数的筛选性质得

$$\int_{-1}^{5} \sin\left(t - \frac{\pi}{4}\right) \delta(t) \mathrm{d}t = \sin\left(t - \frac{\pi}{4}\right)\bigg|_{t=0} = -\sin\frac{\pi}{4} = -\frac{\sqrt{2}}{2},$$

$$\int_{-3}^{0} \sin\left(t - \frac{\pi}{4}\right) \delta(t-1) \mathrm{d}t = 0$$

4.2.2　δ-函数的傅氏变换

根据 δ-函数的定义以及筛选性质，可得 δ-函数的傅氏变换为

$$F(\omega) = \mathcal{F}[\delta(t)] = \int_{-\infty}^{+\infty} \delta(t)\mathrm{e}^{-\mathrm{j}\omega t}\mathrm{d}t = \mathrm{e}^{-\mathrm{j}\omega t}\big|_{t=0} = 1,$$

即单位冲激函数包含各种频率分量且它们具有相等的幅度，称此为均匀频谱或白色频谱. 按傅氏逆变换公式有

$$\mathcal{F}^{-1}[1] = \frac{1}{2\pi}\int_{-\infty}^{+\infty} \mathrm{e}^{\mathrm{j}\omega t}\mathrm{d}\omega = \delta(t),$$

即

$$\int_{-\infty}^{+\infty} \mathrm{e}^{\mathrm{j}\omega t}\mathrm{d}\omega = 2\pi\delta(t).$$

$\delta(t)$ 与 1 构成傅氏变换对：$\delta(t) \leftrightarrow 1$. 称 δ-函数的傅氏变换为广义的傅氏变换. 运用这一概念，对于不满足绝对可积条件的函数，如常数、单位阶跃函数、正弦函数、余弦函数等，都可以进行傅氏变换了. 更一般地，

$$\mathcal{F}[\delta(t-t_0)] = \int_{-\infty}^{+\infty} \delta(t-t_0)\mathrm{e}^{-\mathrm{j}\omega t}\mathrm{d}t = \mathrm{e}^{-\mathrm{j}\omega t}\big|_{t=t_0} = \mathrm{e}^{-\mathrm{j}\omega t_0}$$

$$\Rightarrow \mathcal{F}^{-1}[\mathrm{e}^{-\mathrm{j}\omega t_0}] = \frac{1}{2\pi}\int_{-\infty}^{+\infty} \mathrm{e}^{\mathrm{j}\omega(t-t_0)}\mathrm{d}\omega = \delta(t-t_0),$$

即

$$\int_{-\infty}^{+\infty} \mathrm{e}^{\mathrm{j}\omega(t-t_0)}\mathrm{d}\omega = 2\pi\delta(t-t_0).$$

因此，$\delta(t-t_0)$ 与 $\mathrm{e}^{-\mathrm{j}\omega t_0}$ 构成傅氏变换对：$\delta(t-t_0) \leftrightarrow \mathrm{e}^{-\mathrm{j}\omega t_0}$.

例 4.6　分别求函数 $f_1(t) = 1$ 与 $f_2(t) = \mathrm{e}^{\mathrm{j}\omega_0 t}$ 的傅氏变换.

解　$F_1(\omega) = \mathcal{F}[f_1(t)] = \int_{-\infty}^{+\infty} \mathrm{e}^{-\mathrm{j}\omega t}\mathrm{d}t = \int_{-\infty}^{+\infty} \mathrm{e}^{\mathrm{j}\omega\tau}\mathrm{d}\tau = 2\pi\delta(\omega),$

$$F_2(\omega) = \mathcal{F}[f_2(t)] = \int_{-\infty}^{+\infty} \mathrm{e}^{\mathrm{j}\omega_0 t}\mathrm{e}^{-\mathrm{j}\omega t}\mathrm{d}t = \int_{-\infty}^{+\infty} \mathrm{e}^{\mathrm{j}(\omega_0-\omega)t}\mathrm{d}t = 2\pi\delta(\omega_0-\omega) = 2\pi\delta(\omega-\omega_0).$$

该例给出了两个重要的傅氏变换对：

$$1 \leftrightarrow 2\pi\delta(\omega), \quad \mathrm{e}^{\mathrm{j}\omega_0 t} \leftrightarrow 2\pi\delta(\omega-\omega_0).$$

例 4.7　证明单位阶跃函数 $u(t)$ 的傅氏变换为 $\dfrac{1}{j\omega} + \pi\delta(\omega)$.

证明　$f(t) = \mathcal{F}^{-1}[F(\omega)] = \dfrac{1}{2\pi}\displaystyle\int_{-\infty}^{+\infty}\left[\dfrac{1}{j\omega} + \pi\delta(\omega)\right]\mathrm{e}^{j\omega t}\mathrm{d}\omega$

$$= \dfrac{1}{2\pi}\int_{-\infty}^{+\infty}\pi\delta(\omega)\mathrm{e}^{j\omega t}\mathrm{d}\omega + \dfrac{1}{2\pi}\int_{-\infty}^{+\infty}\dfrac{\mathrm{e}^{j\omega t}}{j\omega}\mathrm{d}\omega$$

$$= \dfrac{1}{2}\int_{-\infty}^{+\infty}\delta(\omega)\mathrm{e}^{j\omega t}\mathrm{d}\omega + \dfrac{1}{2\pi}\int_{-\infty}^{+\infty}\dfrac{\cos\omega t + j\sin\omega t}{j\omega}\mathrm{d}\omega$$

$$= \dfrac{1}{2} + \dfrac{1}{\pi}\int_{0}^{+\infty}\dfrac{\sin\omega t}{\omega}\mathrm{d}\omega.$$

由例 4.2 知 $\displaystyle\int_{0}^{+\infty}\dfrac{\sin x}{x}\mathrm{d}x = \dfrac{\pi}{2}$，所以有 $f(t) = u(t) = \begin{cases} 1, & t > 0, \\ 0, & t < 0. \end{cases}$　□

例 4.8　求 $f(t) = \cos\omega_0 t$ 的傅氏变换.

解　$F(\omega) = \mathcal{F}[f(t)] = \displaystyle\int_{-\infty}^{+\infty}\cos\omega_0 t\,\mathrm{e}^{-j\omega t}\mathrm{d}t = \int_{-\infty}^{+\infty}\dfrac{\mathrm{e}^{j\omega_0 t} + \mathrm{e}^{-j\omega_0 t}}{2}\mathrm{e}^{-j\omega t}\mathrm{d}t$

$$= \dfrac{1}{2}\int_{-\infty}^{+\infty}[\mathrm{e}^{-j(\omega+\omega_0)t} + \mathrm{e}^{-j(\omega-\omega_0)t}]\mathrm{d}t = \pi[\delta(\omega+\omega_0) + \delta(\omega-\omega_0)].$$

同理可得 $f(t) = \sin\omega_0 t$ 的傅氏变换为 $j\pi[\delta(\omega+\omega_0) - \delta(\omega-\omega_0)]$. 本例表明，在广义傅氏变换意义下，周期函数也可以进行傅氏变换，其频谱仍然是离散的，这一点与傅氏级数展开是一致的. 所不同的是，这里用冲激强度来表示各频率分量的幅值的相对大小.

4.3　傅里叶变换的性质

为了叙述方便，假定在以下性质中，所涉及的函数的傅氏变换均存在，且对一些运算（如求导、积分、求和等）的次序交换，均不另作说明.

4.3.1　基本性质

1. 线性性质

设 $F(\omega) = \mathcal{F}[f(t)], G(\omega) = \mathcal{F}[g(t)], \alpha, \beta$ 为常数，则

$$\mathcal{F}[\alpha f(t) + \beta g(t)] = \alpha F(\omega) + \beta G(\omega),$$

$$\mathcal{F}^{-1}[\alpha F(\omega) + \beta G(\omega)] = \alpha f(t) + \beta g(t).$$

该性质可直接由积分的线性性质推出. 为了简洁起见，采用傅氏变换对的记号

表示：即

$$\alpha f(t) + \beta g(t) \leftrightarrow \alpha F(\omega) + \beta G(\omega).$$

2. 时移特性

若 $f(t) \leftrightarrow F(\omega)$，则 $f(t - t_0) \leftrightarrow e^{-j\omega t_0} F(\omega)$．其中 t_0 为实常数.

证明　$\mathcal{F}[f(t - t_0)] = \int_{-\infty}^{+\infty} f(t - t_0)e^{-j\omega t}dt = \int_{-\infty}^{+\infty} f(u)e^{-j\omega(u + t_0)}du$

$$= e^{-j\omega t_0} \int_{-\infty}^{+\infty} f(u)e^{-j\omega u}du = e^{-j\omega t_0} F(\omega). \qquad \square$$

3. 频移特性

若 $f(t) \leftrightarrow F(\omega)$，则 $e^{j\omega_0 t} f(t) \leftrightarrow F(\omega - \omega_0)$．其中 ω_0 为实常数.

证明　$\mathcal{F}[e^{j\omega_0 t} f(t)] = \int_{-\infty}^{+\infty} e^{j\omega_0 t} f(t)e^{-j\omega t}dt = \int_{-\infty}^{+\infty} f(t)e^{-j(\omega - \omega_0)t}dt = F(\omega - \omega_0). \quad \square$

傅氏变换的时移和频移特性有很好的物理意义：（1）时移特性说明当一个函数（或信号）沿时间轴移动后，它的各频率成分的大小不发生改变，但相位发生变化；（2）频移特性被用来进行频谱搬移，这一技术在通信系统中得到了广泛应用.

例 4.9　已知 $G(\omega) = \dfrac{1}{\alpha + j(\omega + \omega_0)}$，$\alpha > 0, \omega_0$ 为实常数，求 $g(t) = \mathcal{F}^{-1}[G(\omega)]$.

解　由例 4.4 知 $f(t) = \begin{cases} e^{-\alpha t}, & t \geq 0, \\ 0, & t < 0 \end{cases}$ 的傅氏变换为 $F(\omega) = \dfrac{1}{\alpha + j\omega}$，所以

$$g(t) = \mathcal{F}^{-1}[G(\omega)] = e^{-j\omega_0 t} \mathcal{F}^{-1}\left[\frac{1}{\alpha + j\omega}\right] = e^{-j\omega_0 t} f(t) = \begin{cases} e^{-(\alpha + j\omega_0)t}, & t \geq 0, \\ 0, & t < 0. \end{cases}$$

4. 尺度变换

若 $f(t) \leftrightarrow F(\omega)$，则 $f(at) \leftrightarrow \dfrac{1}{|a|} F\left(\dfrac{\omega}{a}\right)$，其中 a 为非零常数.

证明　$\mathcal{F}[f(at)] = \int_{-\infty}^{+\infty} f(at)e^{-j\omega t}dt$，令 $x = at$, 则有

当 $a > 0$ 时，$\mathcal{F}[f(at)] = \int_{-\infty}^{+\infty} f(at)e^{-j\omega t}dt = \dfrac{1}{a}\int_{-\infty}^{+\infty} f(x)e^{-j\frac{\omega}{a}x}dx = \dfrac{1}{a}F\left(\dfrac{\omega}{a}\right)$；

当 $a < 0$ 时，$\mathcal{F}[f(at)] = \int_{-\infty}^{+\infty} f(at)e^{-j\omega t}dt = \dfrac{1}{a}\int_{+\infty}^{-\infty} f(x)e^{-j\frac{\omega}{a}x}dx = -\dfrac{1}{a}F\left(\dfrac{\omega}{a}\right)$，

故 $\mathcal{F}[f(at)] = \dfrac{1}{|a|}F\left(\dfrac{\omega}{a}\right)$. $\qquad \square$

尺度变换的物理意义：若函数（或信号）被压缩（$a > 1$），则其频谱被扩

展；反之，若函数（或信号）被扩展（ $a<1$ ），则其频谱被压缩.

例 4.10　已知抽样信号 $f(t)=\dfrac{\sin 2t}{\pi t}$ 的频谱为 $F(\omega)=\begin{cases}1,&|\omega|\leqslant 2,\\0,&|\omega|>2,\end{cases}$ 求信号

$g(t)=f\left(\dfrac{t}{2}\right)$ 的频谱 $G(\omega)$.

解　$G(\omega)=\mathcal{F}[g(t)]=\mathcal{F}\left[f\left(\dfrac{t}{2}\right)\right]=2F(2\omega)=\begin{cases}2,&|\omega|\leqslant 1,\\0,&|\omega|>1.\end{cases}$

从图 4.6 中可以看出，由 $f(t)$ 扩展后的信号 $g(t)$ 变得平缓，频率变低，即频率范围由原来的 $|\omega|<2$ 变为 $|\omega|<1$.

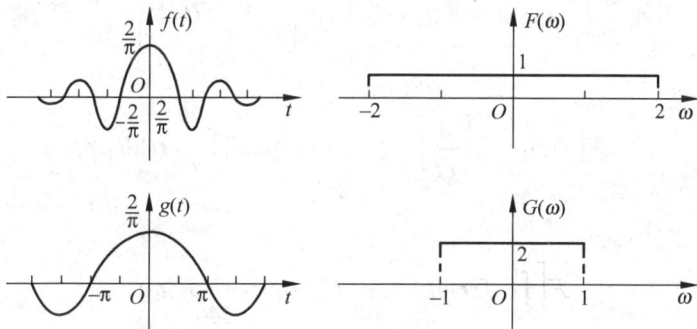

图　4.6

5. 微分性质

（1）时域的微分：若 $f(t)\leftrightarrow F(\omega)$ ，且 $\lim\limits_{|t|\to+\infty}f(t)=0$ ，则 $f'(t)\leftrightarrow j\omega F(\omega)$. 一般地，若 $\lim\limits_{|t|\to+\infty}f^{(k)}(t)=0$ $(k=0,1,\cdots,n-1)$ ，则 $f^{(n)}(t)\leftrightarrow (j\omega)^n F(\omega)$.

（2）频域的微分：若 $f(t)\leftrightarrow F(\omega)$ ，则 $-jtf(t)\leftrightarrow F'(\omega)$. 一般地，有 $(-j)^n t^n f(t)\leftrightarrow F^{(n)}(\omega)$.

证明　（1）当 $|t|\to+\infty$ 时， $|f(t)e^{-j\omega t}|=|f(t)|\to 0$ ，可得 $f(t)e^{-j\omega t}\to 0$.

因此， $\mathcal{F}[f'(t)]=\displaystyle\int_{-\infty}^{+\infty}f'(t)e^{-j\omega t}dt=[f(t)e^{-j\omega t}]\Big|_{-\infty}^{+\infty}+j\omega\int_{-\infty}^{+\infty}f(t)e^{-j\omega t}dt=j\omega F(\omega)$. 反复运用分部积分公式，可得 $\mathcal{F}[f^{(n)}(t)]=(j\omega)^n F(\omega)$.

（2）$F'(\omega)=\dfrac{d}{d\omega}\displaystyle\int_{-\infty}^{+\infty}f(t)e^{-j\omega t}dt=\int_{-\infty}^{+\infty}-jtf(t)e^{-j\omega t}dt=\mathcal{F}[-jtf(t)]$ ，反复求导 n 次可得 $F^{(n)}(\omega)=\mathcal{F}[(-jt)^n f(t)]$.

当 $f(t)$ 的傅氏变换已知时，由（2）可得 $\mathcal{F}[tf(t)]=jF'(\omega)$ 和 $\mathcal{F}[t^n f(t)]=j^n F^{(n)}(\omega)$.

例 4.11 求 $f(t) = te^{-\alpha t}u(t), \alpha > 0$ 的频谱函数 $F(\omega)$.

解 由例 4.4 知 $\mathcal{F}[e^{-\alpha t}u(t)] = \dfrac{1}{\alpha + j\omega}$，故

$$F(\omega) = \mathcal{F}[te^{-\alpha t}u(t)] = j\frac{d}{d\omega}\left[\frac{1}{\alpha + j\omega}\right] = \frac{1}{(\alpha + j\omega)^2}.$$

6. 积分性质

若 $\lim\limits_{t \to +\infty} \displaystyle\int_{-\infty}^{t} f(t)dt = 0$，则 $\displaystyle\int_{-\infty}^{t} f(t)dt \leftrightarrow \frac{1}{j\omega}F(\omega)$.

证明 因为 $\dfrac{d}{dt}\displaystyle\int_{-\infty}^{t} f(t)dt = f(t)$，所以 $\mathcal{F}\left[\dfrac{d}{dt}\displaystyle\int_{-\infty}^{t} f(t)dt\right] = \mathcal{F}[f(t)]$. 由微分性质得

$$\mathcal{F}[f(t)] = \mathcal{F}\left[\frac{d}{dt}\int_{-\infty}^{t} f(t)dt\right] = j\omega\mathcal{F}[\int_{-\infty}^{t} f(t)dt],$$

故

$$\mathcal{F}\left[\int_{-\infty}^{t} f(t)dt\right] = \frac{1}{j\omega}\mathcal{F}[f(t)] = \frac{1}{j\omega}F(\omega). \qquad \square$$

7. 帕塞瓦尔（Parseval）等式

设 $F(\omega) = \mathcal{F}[f(t)]$，则有 $\displaystyle\int_{-\infty}^{+\infty}[f(t)]^2dt = \frac{1}{2\pi}\int_{-\infty}^{+\infty}|F(\omega)|^2 d\omega$.

证明 由 $F(\omega) = F[f(t)] = \displaystyle\int_{-\infty}^{+\infty} f(t)e^{-j\omega t}dt$，有 $\overline{F(\omega)} = \displaystyle\int_{-\infty}^{+\infty} f(t)e^{j\omega t}dt$. 所以

$$\begin{aligned}
\frac{1}{2\pi}\int_{-\infty}^{+\infty}|F(\omega)|^2 d\omega &= \frac{1}{2\pi}\int_{-\infty}^{+\infty} F(\omega)\overline{F(\omega)}\,d\omega \\
&= \frac{1}{2\pi}\int_{-\infty}^{+\infty} F(\omega)\left[\int_{-\infty}^{+\infty} f(t)e^{j\omega t}dt\right]d\omega \\
&= \int_{-\infty}^{+\infty} f(t)\left[\frac{1}{2\pi}\int_{-\infty}^{+\infty} F(\omega)e^{j\omega t}d\omega\right]dt \\
&= \int_{-\infty}^{+\infty} f^2(t)dt. \qquad \square
\end{aligned}$$

注 在信号与系统中，$\displaystyle\int_{-\infty}^{+\infty}[f(t)]^2 dt$ 为信号 $f(t)$ 的能量，该等式表明非周期能量信号的归一化能量在时域中与在频域中相等，保持能量守恒.

例 4.12 求积分 $\displaystyle\int_{0}^{+\infty}\frac{\sin^2\omega}{\omega^2}d\omega$ 的值.

解 由例 4.2 知 $f(t) = \begin{cases} 1, & |t| \leqslant 1, \\ 0, & |t| > 1 \end{cases}$ 所对应的像函数为 $F(\omega) = \dfrac{2\sin\omega}{\omega}$，根据

帕塞瓦尔等式，有

$$\int_{-\infty}^{+\infty} \left(\frac{2\sin\omega}{\omega}\right)^2 d\omega = \int_{-\infty}^{+\infty} |F(\omega)|^2 \, d\omega = 2\pi \int_{-\infty}^{+\infty} [f(t)]^2 \, dt = 2\pi \int_{-1}^{1} 1^2 \, dt = 4\pi,$$

故 $\displaystyle\int_0^{+\infty} \frac{\sin^2\omega}{\omega^2} d\omega = \frac{1}{2}\int_{-\infty}^{+\infty} \left(\frac{\sin\omega}{\omega}\right)^2 d\omega = \frac{\pi}{2}$.

4.3.2 卷积与卷积定理

1. 卷积

定义 4.3 设 $f_1(t), f_2(t)$ 在 $(-\infty, +\infty)$ 内有定义，若反常积分 $\displaystyle\int_{-\infty}^{+\infty} f_1(\tau) f_2(t-\tau) d\tau$
对任何实数 t 收敛，则它定义了一个自变量为 t 的函数，称此函数为 $f_1(t)$ 与 $f_2(t)$
的卷积，记为

$$f_1(t) * f_2(t) = \int_{-\infty}^{+\infty} f_1(\tau) f_2(t-\tau) d\tau$$

2. 卷积的性质

（1）交换律：$f_1(t) * f_2(t) = f_2(t) * f_1(t)$.
（2）结合律：$f_1(t) * [f_2(t) * f_3(t)] = [f_1(t) * f_2(t)] * f_3(t)$.
（3）分配律：$f_1(t) * [f_2(t) + f_3(t)] = f_1(t) * f_2(t) + f_1(t) * f_3(t)$.

例 4.13 求下列函数的卷积：

$$f_1(t) = \begin{cases} 0, & t < 0, \\ e^{-\alpha t}, & t \geqslant 0, \end{cases} \quad f_2(t) = \begin{cases} 0, & t < 0, \\ e^{-\beta t}, & t \geqslant 0. \end{cases}$$

其中 $\alpha > 0, \beta > 0$ 且 $\alpha \neq \beta$.

解 $\qquad f_1(t) * f_2(t) = \displaystyle\int_{-\infty}^{+\infty} f_1(\tau) f_2(t-\tau) d\tau$.

当 $t < 0$ 时，$f_1(t) * f_2(t) = 0$;

当 $t \geqslant 0$ 时，$f_1(t) * f_2(t) = \displaystyle\int_0^t f_1(\tau) f_2(t-\tau) d\tau = \int_0^t e^{-\alpha\tau} e^{-\beta(t-\tau)} d\tau$

$$= e^{-\beta t} \int_0^t e^{-(\alpha-\beta)\tau} d\tau = \frac{1}{\alpha-\beta}(e^{-\beta t} - e^{-\alpha t}).$$

综合得 $f_1(t) * f_2(t) = \begin{cases} 0, & t < 0, \\ \dfrac{1}{\alpha-\beta}(e^{-\beta t} - e^{-\alpha t}), & t \geqslant 0. \end{cases}$

3. 卷积定理

定理 4.3 设 $\mathcal{F}[f_1(t)] = F_1(\omega), \mathcal{F}[f_2(t)] = F_2(\omega)$，则有

$$\mathcal{F}[f_1(t) * f_2(t)] = F_1(\omega) \cdot F_2(\omega), \quad \mathcal{F}[f_1(t) \cdot f_2(t)] = \frac{1}{2\pi} F_1(\omega) * F_2(\omega).$$

证明 （1）由卷积定义，有

$$
\begin{aligned}
\mathcal{F}[f_1(t) * f_2(t)] &= \int_{-\infty}^{+\infty} [f_1(t) * f_2(t)] \mathrm{e}^{-\mathrm{j}\omega t} \mathrm{d}t = \int_{-\infty}^{+\infty} \left[\int_{-\infty}^{+\infty} f_1(\tau) f_2(t-\tau) \mathrm{d}\tau \right] \mathrm{e}^{-\mathrm{j}\omega t} \mathrm{d}t \\
&= \int_{-\infty}^{+\infty} f_1(\tau) \left(\int_{-\infty}^{+\infty} f_2(t-\tau) \mathrm{e}^{-\mathrm{j}\omega t} \mathrm{d}t \right) \mathrm{d}\tau = \int_{-\infty}^{+\infty} f_1(\tau) \mathcal{F}[f_2(t-\tau)] \mathrm{d}\tau \\
&= \int_{-\infty}^{+\infty} f_1(\tau) \mathrm{e}^{-\mathrm{j}\omega t} \mathcal{F}[f_2(t)] \mathrm{d}\tau = F_2(\omega) \int_{-\infty}^{+\infty} f_1(\tau) \mathrm{e}^{-\mathrm{j}\omega\tau} \mathrm{d}\tau = F_2(\omega) \cdot F_1(\omega).
\end{aligned}
$$

同理可得

$$F_1(\omega) * F_2(\omega) = 2\pi \mathcal{F}[f_1(t) \cdot f_2(t)]. \qquad \square$$

利用卷积定理可以简化卷积的计算及某些函数的傅氏变换.

例 4.14 求下列函数的卷积：

$$f(t) = \frac{\sin \alpha t}{\pi t}, \quad g(t) = \frac{\sin \beta t}{\pi t},$$

其中 $\alpha > 0, \beta > 0$.

解 设 $\mathcal{F}[f(t)] = F(\omega), \mathcal{F}[g(t)] = G(\omega)$，由例 4.3 知

$$F(\omega) = \begin{cases} 1, & |\omega| \leqslant \alpha, \\ 0, & |\omega| > \alpha, \end{cases} \quad G(\omega) = \begin{cases} 1, & |\omega| \leqslant \beta, \\ 0, & |\omega| > \beta, \end{cases}$$

因此有 $F(\omega)G(\omega) = \begin{cases} 1, & |\omega| \leqslant \gamma, \\ 0, & |\omega| > \gamma, \end{cases}$ 其中 $\gamma = \min(\alpha, \beta)$，由卷积定理有

$$f(t) * g(t) = \mathcal{F}^{-1}[F(\omega)G(\omega)] = \frac{\sin \gamma t}{\pi t}.$$

4.4 综合举例

例 4.15 求信号 $f(t) = |\sin t|$ 的离散频谱、离散振幅谱、离散相位谱.

解 $f(t) = |\sin t|$ 以 π 为周期，$\omega_0 = \dfrac{2\pi}{\pi} = 2$. 当 $n = 0$ 时，

$$c_0 = F(0) = \frac{1}{\pi} \int_{-\frac{\pi}{2}}^{\frac{\pi}{2}} f(t) \mathrm{d}t = \frac{2}{\pi} \int_0^{\frac{\pi}{2}} \sin t \mathrm{d}t = \frac{2}{\pi};$$

当 $n \neq 0$ 时，

$$c_n = F(n\omega_0) = \frac{1}{\pi}\int_{-\frac{\pi}{2}}^{\frac{\pi}{2}} |\sin t| \, \mathrm{e}^{-\mathrm{j}n2t}\mathrm{d}t = \frac{1}{\pi}\int_{-\frac{\pi}{2}}^{\frac{\pi}{2}} |\sin t| [\cos(2nt) - \mathrm{j}\sin(2nt)]\mathrm{d}t$$

$$= \frac{2}{\pi}\int_0^{\frac{\pi}{2}} \sin t \cos(2nt)\mathrm{d}t = \frac{2}{\pi}\cdot\frac{1}{2}\int_0^{\frac{\pi}{2}} \{\sin[(1+2n)t] + \sin[(1-2n)t]\}\mathrm{d}t$$

$$= \frac{1}{\pi}\left[-\frac{\cos(2n+1)t}{2n+1} + \frac{\cos(2n-1)t}{2n-1} \right]\Bigg|_0^{\frac{\pi}{2}} = \frac{1}{\pi}\left(\frac{1}{2n+1} - \frac{1}{2n-1} \right) = \frac{-2}{(4n^2-1)\pi},$$

故 $f(t) = |\sin t|$ 的离散频谱为 $c_n = F(n\omega_0) = \dfrac{-2}{(4n^2-1)\pi}, n \in \mathbb{Z}$ ，离散振幅谱为

$|c_n| = \dfrac{2}{(4n^2-1)\pi}$ ，离散相位谱为 $\arg c_n = \pi$.

例 4.16　求周期信号 $f(t) = 5\cos(2\pi t - 3) + \sin(6\pi t)$ 的频谱、振幅谱、相位谱.

解　$f(t) = 5\cos(2\pi t - 3) + \sin(6\pi t) = \dfrac{5}{2}[\mathrm{e}^{\mathrm{j}(2\pi t - 3)} + \mathrm{e}^{-\mathrm{j}(2\pi t - 3)}] + \dfrac{1}{2\mathrm{j}}[\mathrm{e}^{\mathrm{j}6\pi t} - \mathrm{e}^{-\mathrm{j}6\pi t}]$

$$= 2.5\mathrm{e}^{-3\mathrm{j}}\cdot\mathrm{e}^{\mathrm{j}2\pi t} + 2.5\mathrm{e}^{3\mathrm{j}}\cdot\mathrm{e}^{-\mathrm{j}2\pi t} + 0.5\mathrm{j}\mathrm{e}^{-\mathrm{j}6\pi t} - 0.5\mathrm{j}\mathrm{e}^{\mathrm{j}6\pi t}.$$

由复指数形式的傅里叶级数的定义知，频谱为

$$c_1 = 2.5\mathrm{e}^{-3\mathrm{j}}, \quad c_{-1} = 2.5\mathrm{e}^{3\mathrm{j}}, \quad c_3 = -0.5\mathrm{j}, \quad c_{-3} = 0.5\mathrm{j}, \quad c_n = 0 \quad (n \neq \pm1, \pm3),$$

振幅谱为

$$|c_{\pm1}| = 2.5, \quad |c_{\pm3}| = 0.5, \quad c_n = 0 \quad (n \neq \pm1, \pm3),$$

相位谱为

$$\arg c_1 = -3, \quad \arg c_{-1} = 3, \quad \arg c_3 = -\frac{\pi}{2}, \quad \arg c_{-3} = \frac{\pi}{2}.$$

例 4.17　求下列信号 $f(t)$ 的频谱函数 $F(\omega)$：

（1）$f(t) = \operatorname{sgn} t = \begin{cases} -1, & t < 0, \\ 1, & t > 0; \end{cases}$

（2）$f(t) = \sin\left(5t + \dfrac{\pi}{3}\right)$；

（3）$f(t) = \sin^3 t$；

（4）$f(t) = \mathrm{e}^{-a|t|}, a > 0$ （双边指数衰减信号）.

解　（1）已知 $\mathcal{F}[u(t)] = \dfrac{1}{\mathrm{j}\omega} + \pi\delta(\omega)$ ，$\mathcal{F}[1] = 2\pi\delta(\omega)$ ，且 $\operatorname{sgn} t = 2u(t) - 1$ ，

故 $F(\omega) = \mathcal{F}[\operatorname{sgn} t] = 2\mathcal{F}[u(t)] - \mathcal{F}[1] = 2\left[\dfrac{1}{\mathrm{j}\omega} + \pi\delta(\omega) \right] - 2\pi\delta(\omega) = \dfrac{2}{\mathrm{j}\omega}$.

（2）因为 $\sin\left(5t+\dfrac{\pi}{3}\right)=\dfrac{1}{2}\sin(5t)+\dfrac{\sqrt{3}}{2}\cos(5t)$，所以

$$F(\omega)=\mathcal{F}[f(t)]=\dfrac{\mathrm{j}\pi}{2}[\delta(\omega+5)-\delta(\omega-5)]+\dfrac{\sqrt{3}\pi}{2}[\delta(\omega+5)+\delta(\omega-5)].$$

（3）$f(t)=\sin^3 t=\left(\dfrac{\mathrm{e}^{\mathrm{j}t}-\mathrm{e}^{-\mathrm{j}t}}{2\mathrm{j}}\right)^3=\dfrac{\mathrm{j}}{8}(\mathrm{e}^{3\mathrm{j}t}-3\mathrm{e}^{\mathrm{j}t}+3\mathrm{e}^{-\mathrm{j}t}-\mathrm{e}^{-3\mathrm{j}t})$，且 $\mathcal{F}[\mathrm{e}^{\mathrm{j}at}]=$

$2\pi\delta(\omega-a)$，故 $F(\omega)=\mathcal{F}[\sin^3 t]=\dfrac{\mathrm{j}\pi}{4}[\delta(\omega-3)-3\delta(\omega-1)+3\delta(\omega+1)-\delta(\omega+3)].$

（4）$F(\omega)=\mathcal{F}[\mathrm{e}^{-a|t|}]=\displaystyle\int_{-\infty}^{+\infty}\mathrm{e}^{-a|t|}\cdot\mathrm{e}^{\mathrm{j}\omega t}\mathrm{d}t=\int_{-\infty}^{0}\mathrm{e}^{at}\cdot\mathrm{e}^{\mathrm{j}\omega t}\mathrm{d}t+\int_{0}^{+\infty}\mathrm{e}^{-at}\cdot\mathrm{e}^{\mathrm{j}\omega t}\mathrm{d}t$

$$=\int_{-\infty}^{0}\mathrm{e}^{(a+\mathrm{j}\omega)t}\mathrm{d}t+\int_{0}^{+\infty}\mathrm{e}^{-(a-\mathrm{j}\omega)t}\mathrm{d}t=\dfrac{1}{a+\mathrm{j}\omega}\mathrm{e}^{(a+\mathrm{j}\omega)t}\Big|_{-\infty}^{0}-\dfrac{1}{a-\mathrm{j}\omega}\mathrm{e}^{-(a-\mathrm{j}\omega)t}\Big|_{0}^{+\infty}$$

$$=\dfrac{1}{a+\mathrm{j}\omega}+\dfrac{1}{a-\mathrm{j}\omega}=\dfrac{2a}{\omega^2+a^2}.$$

例 4.18 求下列频谱函数所对应的信号 $f(t)$：

（1）$F(\omega)=3\cos^2\omega$；

（2）$F(\omega)=\dfrac{2}{(3+\mathrm{j}\omega)(5+\mathrm{j}\omega)}$.

解 （1）因为 $F(\omega)=3\cos^2\omega=3\cdot\dfrac{1+\cos 2\omega}{2}=\dfrac{3}{2}+\dfrac{3}{4}(\mathrm{e}^{\mathrm{j}2\omega}+\mathrm{e}^{-\mathrm{j}2\omega})$，所以

$$f(t)=\mathcal{F}^{-1}(3\cos^2\omega)=\dfrac{3}{2}\mathcal{F}^{-1}(1)+\dfrac{3}{4}[\mathcal{F}^{-1}(\mathrm{e}^{\mathrm{j}2\omega})+\mathcal{F}^{-1}(\mathrm{e}^{-\mathrm{j}2\omega})]$$

$$=\dfrac{3}{2}\delta(t)+\dfrac{3}{4}[\delta(t+2)+\delta(t-2)].$$

（2）因为 $F(\omega)=\dfrac{2}{(3+\mathrm{j}\omega)(5+\mathrm{j}\omega)}=\dfrac{1}{3+\mathrm{j}\omega}-\dfrac{1}{5+\mathrm{j}\omega}$，所以

$$f(t)=\mathcal{F}^{-1}\left[\dfrac{2}{(3+\mathrm{j}\omega)(5+\mathrm{j}\omega)}\right]=\mathcal{F}^{-1}\left(\dfrac{1}{3+\mathrm{j}\omega}\right)-\mathcal{F}^{-1}\left(\dfrac{1}{5+\mathrm{j}\omega}\right)=(\mathrm{e}^{-3t}-\mathrm{e}^{-5t})u(t).$$

例 4.19 求 $f_1(t)=\begin{cases}0, & t<0,\\ 1, & t\geqslant 0\end{cases}$ 与 $f_2(t)=\begin{cases}0, & t<0,\\ \mathrm{e}^{-t}, & t\geqslant 0\end{cases}$ 的卷积.

解 当 $t<0$ 时，$f_1(t)*f_2(t)=\displaystyle\int_{-\infty}^{+\infty}f_1(\tau)f_2(t-\tau)\mathrm{d}\tau=0$；

当 $t\geqslant 0$ 时，$f_1(t)*f_2(t)=\displaystyle\int_{-\infty}^{+\infty}f_1(\tau)f_2(t-\tau)\mathrm{d}\tau$

$$=\int_{0}^{t}1\cdot\mathrm{e}^{-(t-\tau)}\mathrm{d}\tau=\mathrm{e}^{-t}\int_{0}^{t}\mathrm{e}^{\tau}\mathrm{d}\tau=\mathrm{e}^{-t}(\mathrm{e}^{t}-1)=1-\mathrm{e}^{-t},$$

故

$$f_1(t) * f_2(t) = \begin{cases} 1-\mathrm{e}^{-t}, & t \geqslant 0, \\ 0, & t < 0. \end{cases}$$

例 4.20 求微分积分方程 $ax'(t) + bx(t) + c\int_{-\infty}^{t} x(t)\mathrm{d}t = h(t), -\infty < t < +\infty$ 的解，其中 a, b, c 均为常数.

解 记 $\mathcal{F}[x(t)] = X(\omega), \mathcal{F}[h(t)] = H(\omega)$，根据傅氏变换的微分性质和积分性质，在方程两边取傅氏变换，可得

$$a\mathrm{j}\omega X(\omega) + bX(\omega) + \frac{c}{\mathrm{j}\omega} X(\omega) = H(\omega),$$

故

$$X(\omega) = \frac{H(\omega)}{b + \mathrm{j}\left(a\omega - \dfrac{c}{\omega}\right)}.$$

例 4.21 已知 $\begin{cases} y''(t) + 5y'(t) + 6y(t) = \delta(t), \\ y(0^-) = y'(0^-) = 0, \end{cases}$ 求系统的单位冲激响应 $y(t)$.

解 由冲激函数的平衡关系得，$y''(t)$ 含有冲激项，则 $y'(t)$ 为阶跃函数，$y(t)$ 在 $t = 0$ 连续. 即

$$y(0^+) = y(0^-) = 0 \tag{1}$$

方程两边在 $(0^-, 0^+)$ 上积分得

$$y'(0^+) - y'(0^-) = y'(0^+) = 1. \tag{2}$$

当 $t > 0$ 时，$y''(t) + 5y'(t) + 6y(t) = 0$，特征方程为 $r^2 + 5r + 6 = 0$，特征值为 $r_1 = -2, r_2 = -3$. 于是，单位冲激响应的表达式为 $y(t) = (c_1\mathrm{e}^{-2t} + c_2\mathrm{e}^{-3t})u(t)$，由条件（1）、（2）得

$$\begin{cases} -2c_1 - 3c_2 = 1, \\ c_1 + c_2 = 0 \end{cases} \Rightarrow \begin{cases} c_1 = 1, \\ c_2 = -1. \end{cases}$$

故单位冲激响应为 $y(t) = (\mathrm{e}^{-2t} - \mathrm{e}^{-3t})u(t)$.

例 4.22 已知系统的冲激响应 $h(t) = \mathrm{e}^{-2t}$，求输入信号为 $f(t) = \mathrm{e}^{-3t}u(t)$ 时的响应信号 $y(t)$.

解 当 $t \leqslant 0$ 时，$y(t) = f(t) * h(t) = 0$；

当 $t > 0$ 时，

$$y(t) = f(t) * h(t) = \int_{-\infty}^{+\infty} f(\tau) h(t-\tau) \mathrm{d}\tau = \int_0^{+\infty} \mathrm{e}^{-2(t-\tau)} \mathrm{e}^{-3\tau} u(\tau) \mathrm{d}\tau$$

$$= \mathrm{e}^{-2t} \int_0^{+\infty} \mathrm{e}^{-\tau} \mathrm{d}\tau = \mathrm{e}^{-2t} \int_0^t \mathrm{e}^{-\tau} \mathrm{d}\tau = \mathrm{e}^{-2t}(1 - \mathrm{e}^{-t}),$$

故

$$y(t) = \begin{cases} \mathrm{e}^{-2t}(1 - \mathrm{e}^{-t}), & t > 0, \\ 0, & t \leqslant 0. \end{cases}$$

本章小结

本章从周期函数的傅氏级数出发，导出非周期函数的傅氏积分公式，并由此得到傅氏变换，进而讨论了傅氏变换的一些基本性质及应用.

傅氏级数展开被称为是最辉煌、最大胆的思想. 从分析角度看，它是用简单函数去逼近（或代替）复杂函数；从几何角度看，它是一族以正交函数为基向量，将函数空间进行正交分解，相应的系数即为坐标；从变换角度看，它建立了周期函数与序列之间的对应关系；而从物理意义上看，它将信号分解为一系列简谐波的复合，从而建立了频谱理论.

傅氏变换是傅氏级数由周期函数向非周期函数的演变，它通过特定形式的积分建立了函数之间的对应关系. 一方面，它仍然具有明确的物理含义；另一方面，它成为一种非常有用的数学工具. 因此它既能从频谱的角度来描述函数（或信号）的特征，又能简化运算，方便问题的求解. 傅里叶变换一般要求函数绝对可积，但在引入了函数 δ-函数并提出了广义傅氏积分的概念后，放宽了对函数的要求. 特别是周期函数也可以进行傅氏变换，从而使傅氏级数与傅氏变换统一起来，前者称为后者的一个特例.

随着信息数字化的发展，在傅氏变换之后，又出现了用于处理离散时间函数的离散傅氏变换及有限离散傅氏变换（DFT）. 特别是 20 世纪 60 年代出现的针对 DFT 的快速算法（FFT），使得傅氏变换在数字领域也同样发挥着巨大的作用.

习题 4

4.1 试证：若 $f(t)$ 满足傅氏积分定理的条件，则有

$$f(t) = \int_0^{+\infty} A(\omega) \cos \omega t \mathrm{d}\omega + \int_0^{+\infty} B(\omega) \sin \omega t \mathrm{d}\omega,$$

其中 $A(\omega) = \dfrac{1}{\pi} \int_{-\infty}^{+\infty} f(\tau) \cos \omega \tau \mathrm{d}\tau, B(\omega) = \dfrac{1}{\pi} \int_{-\infty}^{+\infty} f(\tau) \sin \omega \tau \mathrm{d}\tau.$

4.2 求下列函数的傅氏变换:

（1）$f(t) = \begin{cases} -1, & -1 < t < 0, \\ 1, & 0 < t < 1, \\ 0, & 其他; \end{cases}$ （2）$f(t) = \begin{cases} e^t, & t \leq 0, \\ 0, & t > 0; \end{cases}$

（3）$f(t) = \begin{cases} 1 - t^2, & |t| \leq 1, \\ 0, & |t| > 1; \end{cases}$ （4）$f(t) = \begin{cases} e^{-t}\sin 2t, & t \geq 0, \\ 0, & t < 0. \end{cases}$

4.3 求下列函数的傅氏变换，并证明所列的积分等式.

（1）$f(t) = \begin{cases} 1, & |t| \leq 1, \\ 0, & |t| > 1, \end{cases}$ 证明: $\int_0^{+\infty} \dfrac{\sin\omega\cos\omega t}{\omega} d\omega = \begin{cases} \dfrac{\pi}{2}, & |t| < 1, \\ \dfrac{\pi}{4}, & |t| = 1, \\ 0, & |t| > 1. \end{cases}$

（2）$f(t) = \begin{cases} \sin t, & |t| \leq \pi, \\ 0, & |t| > \pi, \end{cases}$ 证明: $\int_0^{+\infty} \dfrac{\sin\omega\pi\sin\omega t}{1 - \omega^2} d\omega = \begin{cases} \dfrac{\pi}{2}\sin t, & |t| \leq \pi, \\ 0, & |t| > \pi. \end{cases}$

4.4 画出单位阶跃函数 $u(t)$ 的频谱图.

4.5 已知 $F(\omega) = \pi[\delta(\omega + \omega_0) + \delta(\omega - \omega_0)]$ 为函数 $f(t)$ 的傅氏变换，求 $f(t)$

4.6 求函数 $f(t) = \dfrac{1}{2}\left[\delta(t + a) + \delta(t - a) + \delta\left(t + \dfrac{a}{2}\right) + \delta\left(t - \dfrac{a}{2}\right)\right]$ 的傅氏变换.

4.7 设 $f_1(t) = \begin{cases} 1, & t \geq 0, \\ 0, & t < 0, \end{cases}$ $f_2(t) = \begin{cases} e^{-4t}, & t \geq 0, \\ 0, & t < 0, \end{cases}$ 求 $f_1(t) * f_2(t)$.

4.8 求下列函数的傅氏变换:

（1）$f(t) = \cos t \sin t$; （2）$f(t) = \sin\omega_0 t \cdot u(t)$; （3）$f(t) = e^{j\omega_0 t} t u(t)$.

第 5 章　拉普拉斯变换

第 4 章介绍了傅里叶变换，它成为许多领域中的重要工具，但是它不是万能的，有一定的局限性. 傅氏变换建立在傅氏积分的基础上，并且要求满足狄氏条件和在 $\mathbb{R}$ 上绝对可积. 一方面，人们发现很多函数其实不能满足上述绝对可积这一条件，例如，指数级增长的函数不满足傅氏变换的条件，而这类函数很常见；另一方面，傅氏变换的定义是整个实数轴，但是实际问题中，以时间 t 作为变量的函数在时间 $t < 0$ 时没有意义. 为了克服上述两个方面的缺点并且尽量保留傅氏变换的优点，人们引入一种称为拉普拉斯变换的方法，它也是一种数学积分变换. 拉普拉斯变换（简称拉氏变换）是从 19 世纪末英国工程师 Heaviside 所发明的算子法发展而来，经过法国数学家 Laplace 的严格化定义.

本章内容分为两个部分，前面介绍拉普拉斯变换的基本理论，后面重点介绍拉普拉斯变换的应用，特别是求解微分方程.

5.1　拉普拉斯变换的概念

5.1.1　拉普拉斯变换的定义

定义 5.1　任意函数 $f(t)$ 是定义在 $[0, +\infty)$ 上的实值函数，如果对于复参数 $s = \beta + \mathrm{j}\omega$，积分

$$F(s) = \mathcal{L}[f(t)] = \int_0^{+\infty} f(t)\mathrm{e}^{-st}\mathrm{d}t \tag{5.1}$$

在复平面 s 中某一区域内收敛，则称函数 $F(s)$ 称为 $f(t)$ 的拉普拉斯变换或像函数. 同时其逆变换定义为

$$f(t) = \mathcal{L}^{-1}[F(s)] = \frac{1}{2\pi\mathrm{j}} \int_{\beta-\mathrm{i}\infty}^{\beta+\mathrm{i}\infty} F(s)\mathrm{e}^{st}\mathrm{d}s, \tag{5.2}$$

相应的 $f(t)$ 称为 $F(s)$ 的拉普拉斯逆变换或像原函数，该公式称为**反演积分公式**.

注　工程上，t 经常是时间，s 是频率. 故后面把关于 t 的运算称为时域运算，关于 s 的运算称为频域运算.

相对于傅氏变换的狄氏条件，拉氏变换的存在条件为如下定理.

定理 5.1　若函数 $f(t)$ 满足下列条件：

（1）当 $t \geqslant 0$ 时，$f(t)$ 除去有限个第一类间断点以外，处处连续；

（2）当 $t \to +\infty$ 时，$f(t)$ 的增长速度不超过某一个指数函数，亦即存在常数

M 及 $\beta_0 \geq 0$，使得

$$|f(t)| \leq M e^{\beta_0 t} \quad (0 \leq t < +\infty).$$

其中，β_0 称为 $f(t)$ 的增长指数. 则 $F(s)$ 在半平面 $\mathrm{Re}\, s > \beta_0$ 上存在且解析.

证明　（只证明存在性）设 $s = \beta + \mathrm{j}\omega$，把上述不等式代入拉氏变换的定义式得

$$|F(s)| = \left| \int_0^{+\infty} f(t) e^{-st} \mathrm{d}t \right| \leq \int_0^{+\infty} |f(t)| |e^{-st}| \mathrm{d}t \leq \int_0^{+\infty} M e^{\beta_0 t} e^{-\beta t} \mathrm{d}t = M \int_0^{+\infty} e^{-(\beta - \beta_0)t} \mathrm{d}t.$$

由于 $\mathrm{Re}\, s = \beta > \beta_0$，可知上式右端积分收敛，故 $F(s)$ 在半平面 $\mathrm{Re}\, s > \beta_0$ 上存在.

解析性的证明省略.　　　　　　　　　　　　　　　　　　　　□

注　由定理 5.1 知，如果一个函数的绝对值只要能小于某一指数函数，那么它的拉氏变换存在，该定理是充分性的，而不是必要的. 由定理 5.1 可知拉氏变换比傅氏变换成立的范围广，但并不是所有的函数都有拉氏变换存在. 我们有如下结论：

（1）$F(s)$ 不存在，比如 $f(t) = e^{t^3}$；

（2）$F(s)$ 在 $\mathrm{Re}\, s = \beta > \beta_0$ 存在，在 $\mathrm{Re}\, s = \beta < \beta_0$ 不存在，其中 β_0 某一实数；

（3）$F(s)$ 处处存在.

例 5.1　求单位阶跃函数 $u(t) = \begin{cases} 0, & t < 0, \\ 1, & t > 0 \end{cases}$ 的拉氏变换.

解　根据拉氏变换的定义式 (5.1)，有

$$F(s) = \mathcal{L}[u(t)] = \int_0^{+\infty} e^{-st} \mathrm{d}t = -\frac{1}{s} e^{-st} \Big|_0^{+\infty} = \frac{1}{s} \quad (\mathrm{Re}\, s > 0).$$

例 5.2　求符号函数 $\mathrm{sgn}\, t$ 和 $f(t) = 1$ 拉氏变换.

解　根据定义式 (5.1)，可得

$$F_1(s) = \mathcal{L}[\mathrm{sgn}(t)] = \int_0^{+\infty} e^{-st} \mathrm{d}t = \frac{1}{s} \quad (\mathrm{Re}\, s > 0),$$

$$F_2(s) = \mathcal{L}[1] = \int_0^{+\infty} e^{-st} \mathrm{d}t = \frac{1}{s} \quad (\mathrm{Re}\, s > 0).$$

注　由例 5.1 和例 5.2 我们发现，$u(t)$，$\mathrm{sgn}\, t$ 和 $f(t) = 1$ 虽然是不同的函数，但它们在 $t > 0$ 是相同的都为 1，这说明拉氏变换只关注 $t > 0$ 的部分，而与 $t < 0$ 无关. 同时约定，今后考虑拉氏变换的逆变换，在 $t < 0$ 时，$f(t) = \mathcal{L}^{-1}[F(s)]$ 取零值.

例 5.3　分别求函数 $e^{at}, e^{-at}, e^{\mathrm{j}\omega t}$ 的拉氏变换（其中 α, ω 为实数，并要求 $\alpha > 0$）.

解 由定义 5.1 有

$$F_1(s) = \mathcal{L}[e^{\alpha t}] = \int_0^{+\infty} e^{\alpha t} e^{-st} dt$$

$$= \int_0^{+\infty} e^{(\alpha-s)t} dt$$

$$= \frac{1}{\alpha - s} e^{(\alpha-s)t} \Big|_0^{+\infty}$$

$$= \frac{1}{s - \alpha} \quad (\text{Re} s > \alpha).$$

利用同样的计算技巧有

$$F_2(s) = \mathcal{L}[e^{-\alpha t}] = \frac{1}{s + \alpha} \quad (\text{Re} s > -\alpha),$$

$$F_3(s) = \mathcal{L}[e^{j\omega t}] = \frac{1}{s - j\omega} \quad (\text{Re} s > 0).$$

上述的附注条件 Re s 的范围有时省略. 若 α 为复数时, 是否有类似的结果, 看下例.

例 5.4 求函数 $e^{\alpha t}$ 拉氏变换（其中 α 为复数时）.

解 由 $|e^{\alpha t}| = e^{\text{Re}\,\alpha t}$, 则当 Re s > Re α 时, $F(s)$ 解析. 与例 5.3 类似的计算可得

$$F(s) = \mathcal{L}[e^{\alpha t}] = \int_0^{+\infty} e^{\alpha t} e^{-st} dt = \int_0^{+\infty} e^{(\alpha-s)t} dt = \frac{1}{s - \alpha}.$$

定义 5.2 在原点附近的无界函数的拉氏变换, 定义如下:

$$F(s) = \mathcal{L}_{-}[f(t)] = \int_{0^-}^{+\infty} f(t) e^{-st} dt.$$

例 5.5 求单位脉冲函数 $\delta(t)$ 的拉氏变换.

解 由于 $\delta(t)$ 在原点附近是无界的, 由定义 5.2 有

$$F(s) = \mathcal{L}_{-}[\delta(t)] = \int_{0^-}^{+\infty} \delta(t) e^{-st} dt$$

$$= \int_{-\infty}^{+\infty} \delta(t) e^{-st} dt = e^{-st} \big|_{t=0} = 1.$$

5.1.2 拉氏变换与傅氏变换的关系

由定义式 (5.1):

$$\mathcal{L}[f(t)] = \int_0^{+\infty} f(t) e^{-st} dt$$

$$= \int_0^{+\infty} f(t) e^{-\beta t} e^{-j\omega t} dt$$

$$= \int_0^{+\infty} f(t)u(t)\mathrm{e}^{-\beta t}\mathrm{e}^{-\mathrm{j}\omega t}\mathrm{d}t$$
$$= \mathcal{F}[f(t)u(t)\mathrm{e}^{-\beta t}].$$

可见对 $f(t)$ 的拉氏变换其实是对 $f(t)u(t)\mathrm{e}^{-\beta t}$ 的傅氏变换，$u(t)$ 是阶跃函数，克服了 t 是时间的问题，而 $\mathrm{e}^{-\beta t}$ 是衰减指数，克服了函数增长过快的问题.

5.2　拉普拉斯变换的性质

本节通过介绍拉氏变换的性质，使得可以利用这些性质并结合一些基本函数的拉氏变换，求大量函数的拉氏变换，并且可以将较为复杂的函数化简为基本函数求解.

5.2.1　线性性质与尺度变换

1. 线性性质

设 $\mathcal{L}[f(t)] = F(s), \mathcal{L}[g(t)] = G(s), \alpha, \beta$ 为常数，则有
$$\mathcal{L}[\alpha f(t) + \beta g(t)] = \alpha F(s) + \beta G(s);$$
$$\mathcal{L}^{-1}[\alpha F(s) + \beta G(s)] = \alpha f(t) + \beta g(t). \tag{5.3}$$

例 5.6　求 $\sin\omega t$ 和 $\cos\omega t$ 的拉氏变换.

解　由欧拉公式知
$$\sin\omega t = \frac{1}{2\mathrm{j}}(\mathrm{e}^{\mathrm{j}\omega t} - \mathrm{e}^{-\mathrm{j}\omega t}), \quad \cos\omega t = \frac{1}{2}(\mathrm{e}^{\mathrm{j}\omega t} + \mathrm{e}^{-\mathrm{j}\omega t}).$$

由例 5.3，有 $\mathcal{L}[\mathrm{e}^{\mathrm{j}\omega t}] = \dfrac{1}{s - \mathrm{j}\omega}$. 利用线性性质可得

$$\begin{aligned}
\mathcal{L}[\sin\omega t] &= \mathcal{L}\left[\frac{1}{2\mathrm{j}}(\mathrm{e}^{\mathrm{j}\omega t} - \mathrm{e}^{-\mathrm{j}\omega t})\right] \\
&= \frac{1}{2\mathrm{j}}(\mathcal{L}[\mathrm{e}^{\mathrm{j}\omega t}] - \mathcal{L}[\mathrm{e}^{-\mathrm{j}\omega t}]) \\
&= \frac{1}{2\mathrm{j}}\left(\frac{1}{s - \mathrm{j}\omega} - \frac{1}{s + \mathrm{j}\omega}\right) \\
&= \frac{\omega}{s^2 + \omega^2}.
\end{aligned}$$

同样可得

$$\mathcal{L}[\cos\omega t] = \mathcal{L}\left[\frac{1}{2}(\mathrm{e}^{\mathrm{j}\omega t} + \mathrm{e}^{-\mathrm{j}\omega t})\right] = \frac{s}{s^2 + \omega^2}.$$

例 5.7　已知 $F[s] = \dfrac{s+5}{(s-1)(s+2)}$，求 $\mathcal{L}^{-1}F[(s)]$.

解　先做化简 $F[s] = \dfrac{s+5}{(s-1)(s+2)} = \dfrac{2}{s-1} - \dfrac{1}{s+2}$，并由例 5.3 $\mathcal{L}[e^{\alpha t}] = \dfrac{1}{s-\alpha}$，有

$$
\begin{aligned}
\mathcal{L}^{-1}[F(s)] &= \mathcal{L}^{-1}\left[\frac{2}{s-1} - \frac{1}{s+2}\right] \\
&= 2\mathcal{L}^{-1}\left[\frac{1}{s-1}\right] - \mathcal{L}^{-1}\left[\frac{1}{s+2}\right] \\
&= 2e^{t} - e^{-2t}.
\end{aligned}
$$

2. 尺度变换

设 $\mathcal{L}[f(t)] = F(s)$，则对任意常数 $k > 0$，有

$$
\mathcal{L}[f(kt)] = \frac{1}{k}F\left(\frac{s}{k}\right). \tag{5.4}
$$

证明

$$
\begin{aligned}
\mathcal{L}[f(kt)] &= \int_{0}^{+\infty} f(kt)e^{-st}\,dt \\
&= \frac{1}{k}\int_{0}^{+\infty} f(x)e^{-\frac{s}{k}x}\,dx \\
&= \frac{1}{k}F\left(\frac{s}{k}\right). \qquad\qquad\qquad\qquad\qquad\qquad \square
\end{aligned}
$$

5.2.2　平移性质

1. 时域平移（延时性质）

若 $\mathcal{L}[f(t)] = F(s)$，且 $t_0 \geqslant 0$，则有

$$
\mathcal{L}[f(t-t_0)u(t-t_0)] = F(s)e^{-st_0}.
$$

一般规定 $t < 0$ 时 $f(t) = 0$，上式可以简化为

$$
\mathcal{L}[f(t-t_0)] = F(s)e^{-st_0}. \tag{5.5}
$$

证明　由拉氏变换的定义 5.1，有

$$
\begin{aligned}
\mathcal{L}[f(t-t_0)] &= \int_{0}^{+\infty} f(t-t_0)e^{-st_0}\,dt \xlongequal{x=t-t_0} \int_{t_0}^{+\infty} f(x)e^{-s(x+t_0)}\,dx \\
&= e^{-st_0}\int_{t_0}^{+\infty} f(x)e^{-sx}\,dx \\
&= F(s)e^{-st_0}. \qquad\qquad\qquad\qquad\qquad\qquad\qquad \square
\end{aligned}
$$

例 5.8　设 $f(t) = \sin t$，求 $\mathcal{L}[f(t-\pi)]$.

解　由例 5.6，知 $\mathcal{L}[\sin t] = \dfrac{1}{s^2+1}$，利用时域平移性质有

$$\mathcal{L}[f(t-\pi)] = \mathcal{L}[\sin(t-\pi)]$$
$$= \mathrm{e}^{-\pi s}\mathcal{L}[\sin(t)]$$
$$= \frac{\mathrm{e}^{-\pi s}}{s^2+1}.$$

例 5.9　已知 $f(t) = \begin{cases} 1, & 0 < t < t_0, \\ 0, & \text{其他,} \end{cases}$ 求 $F(s)$.

解　因为 $f(t) = u(t) - u(t-t_0)$，所以由线性性质和时域平移性质有

$$F(s) = \mathcal{L}[f(t)] = \mathcal{L}[u(t)] - \mathcal{L}[u(t-t_0)]$$
$$= \frac{1}{s} - \frac{1}{s}\mathrm{e}^{-st_0} = \frac{1}{s}(1 - \mathrm{e}^{-st_0}).$$

2. 频域平移（位移性质）

若 $\mathcal{L}[f(t)] = F(s)$，且 a 为一复常数，则有

$$\mathcal{L}[\mathrm{e}^{at} f(t)] = F(s-a). \tag{5.6}$$

证明　由拉氏变换定义 5.1，有

$$\mathcal{L}[\mathrm{e}^{at} f(t)] = \int_0^{+\infty} \mathrm{e}^{at} f(t)\mathrm{e}^{-st}\mathrm{d}t$$
$$= \int_0^{+\infty} f(t)\mathrm{e}^{-(s-a)t}\mathrm{d}t$$
$$= F(s-a). \qquad \square$$

例 5.10　求 $\mathrm{e}^{-at}\cos\omega t$ 的拉氏变换.

解　由例 5.6，知 $\mathcal{L}[\cos\omega t] = \dfrac{s}{s^2+\omega^2}$. 故由 s 域平移性质有

$$\mathcal{L}[\mathrm{e}^{-at}\cos\omega t] = F(s+a) = \frac{s+a}{(s+a)^2+\omega^2}.$$

5.2.3　微分性质

1. 时域微分性质

设 $\mathcal{L}[f(t)] = F(s)$，则有

$$\mathcal{L}[f'(t)] = sF(s) - f(0); \tag{5.7}$$

对于高阶导数有

$$\mathcal{L}[f^{(n)}(t)] = s^n F(s) - s^{n-1} f(0) - s^{n-1} f'(0) \cdots - f^{(n-1)}(0)$$

$$= s^n F(s) - \sum_{r=0}^{n-1} s^{n-r-1} f^{(r)}(0), \tag{5.8}$$

其中 $f^{(r)}(0) = \lim\limits_{t \to 0^+} f^{(r)}(t)$.

例 5.11 求 $f(t) = t^n$ 的拉氏变换（$n \geqslant 1$ 且为整数）.

解 由 $f^{(n)}(t) = n!$，并且 $f^{(r)}(0) = 0 \ (0 \leqslant r \leqslant n-1)$，由时域微分性质有

$$\mathcal{L}[f^{(n)}(t)] = s^n F(s) - s^{n-1} f(0) - s^{n-1} f'(0) \cdots - f^{(n-1)}(0)$$

$$= s^n F(s)$$

$$= s^n \mathcal{L}[f(t)].$$

又由例 5.2 $\mathcal{L}[1] = \dfrac{1}{s}$，得

$$\mathcal{L}[f(t)] = \frac{1}{s^n} \mathcal{L}[f^{(n)}(t)] = \frac{1}{s^n} \mathcal{L}[n!] = \frac{n!}{s^n} \mathcal{L}[1] = \frac{n!}{s^{n+1}}.$$

2. 频域微分性质

若 $\mathcal{L}[f(t)] = F(s)$，则有

$$F'(s) = -\mathcal{L}[tf(t)], \tag{5.9}$$

一般地，有

$$F^{(n)}(s) = (-1)^n \mathcal{L}[t^n f(t)]. \tag{5.10}$$

证明 对拉氏变换定义式，对 s 求导得

$$F'(s) = \frac{\mathrm{d}}{\mathrm{d}s} \int_0^{+\infty} f(t) \mathrm{e}^{-st} \mathrm{d}t = \int_0^{+\infty} -tf(t) \mathrm{e}^{-st} \mathrm{d}t = -\mathcal{L}[tf(t)].$$

s 微分性质常用如下形式：

$$\mathcal{L}[t^n f(t)] = (-1)^n F^{(n)}(s). \qquad \square$$

例 5.12 求 $f(t) = t\sin(kt)$ 的拉氏变换.

解 由例 5.6，知 $\mathcal{L}[\sin kt] = \dfrac{k}{s^2 + k^2}$，由频域微分性质有

$$\mathcal{L}[t\sin kt] = (-1)\frac{\mathrm{d}}{\mathrm{d}s}\left(\frac{k}{s^2 + k^2}\right) = \frac{2ks}{(s^2 + k^2)^2}.$$

同理可得

$$\mathcal{L}[t\cos kt] = (-1)\frac{\mathrm{d}}{\mathrm{d}s}\left(\frac{k}{s^2 + k^2}\right) = \frac{s^2 - k^2}{(s^2 + k^2)^2}.$$

思考题：利用频域微分性质计算例 5.11. 可看出，同一道题的计算思路往往不止一种，通过学习，要能灵活和熟练地应用拉氏变换的众多性质去解决问题.

5.2.4　积分性质

1. 时域积分性质

若 $\mathcal{L}[f(t)] = F(s)$，则有

$$\mathcal{L}\left[\int_0^t f(t)\mathrm{d}t\right] = \frac{1}{s}F(s). \tag{5.11}$$

证明　设 $g(t) = \int_0^t f(t)\mathrm{d}t$，由变上限积分的性质知 $g'(t) = f(t)$，初始条件为 $g(0) = 0$. 利用时域的微分性质，有

$$\mathcal{L}[g'(t)] = s\mathcal{L}[g(t)] - g(0),$$

故可得

$$\mathcal{L}\left[\int_0^t f(t)\mathrm{d}t\right] = \mathcal{L}[g(t)] = \frac{1}{s}\mathcal{L}[g'(t)] + 0 = \frac{1}{s}\mathcal{L}[f(t)]. \qquad \square$$

利用归纳法，可得到如下一般式：

$$\mathcal{L}\left[\underbrace{\int_0^t \mathrm{d}t \int_0^t \mathrm{d}t \cdots \int_0^t f(t)\mathrm{d}t}_{n\text{重积分}}\right] = \frac{1}{s^n}F(s). \tag{5.12}$$

注　时域积分性质在积分方程中讲它的应用，这里省略.

2. 频域积分性质

若 $\mathcal{L}[f(t)] = F(s)$，则有

$$\mathcal{L}\left[\frac{f(t)}{t}\right] = \int_s^{+\infty} F(s)\mathrm{d}s. \tag{5.13}$$

证明　利用二重积分中关于交换积分次序的知识来证明该命题，具体步骤如下：

$$\int_s^{+\infty} F(s)\mathrm{d}s = \int_s^{+\infty}\left[\int_0^{+\infty} f(t)\mathrm{e}^{-st}\mathrm{d}t\right]\mathrm{d}s$$

$$= \int_0^{+\infty}\left[\int_s^{+\infty} f(t)\mathrm{e}^{-st}\mathrm{d}s\right]\mathrm{d}t$$

$$= \int_0^{+\infty}\left[-\frac{f(t)}{t}\mathrm{e}^{-st}\right]_s^{+\infty}\mathrm{d}t$$

$$= \int_0^{+\infty} \frac{f(t)}{t} e^{-st} dt$$

$$= \mathcal{L}\left[\frac{f(t)}{t}\right].$$

□

用归纳法可推广上述性质到频域的 n 重积分，如下：

$$\mathcal{L}\left[\frac{f(t)}{t^n}\right] = \underbrace{\int_s^{+\infty} ds \int_s^{+\infty} ds \cdots \int_s^{+\infty} F(s) ds}_{n重积分}. \tag{5.14}$$

例 5.13   求函数 $f(t) = \dfrac{\sin t}{t}$ 的拉氏变换.

解   由例 5.6 知 $\mathcal{L}[\sin t] = \dfrac{1}{s^2+1}$，利用频域积分性质，有

$$\mathcal{L}\left[\frac{\sin t}{t}\right] = \int_s^{+\infty} \frac{1}{s^2+1} ds = [\arctan s]_s^{+\infty} = \frac{\pi}{2} - \arctan s = \text{arc cot } s.$$

利用该例子，可以得到一个有趣并且有用的定积分结论. 在 $f(t) = \dfrac{\sin t}{t}$ 的

拉氏变换中，若令 $s = 0$，则有

$$\mathcal{L}\left[\frac{\sin t}{t}\right]_{s=0} = \int_0^{+\infty} \frac{\sin t}{t} dt = \text{arccot } 0 = \frac{\pi}{2},$$

故有 $\displaystyle\int_0^{+\infty} \frac{\sin t}{t} dt = \frac{\pi}{2}$.

可见还可以用拉氏变换来计算一些复杂的积分，下面再举一例.

例 5.14   计算积分 $\displaystyle\int_0^{+\infty} e^{-5t} \cos 3t dt$.

解   由例 5.6，知 $\mathcal{L}[\cos 3t] = \dfrac{s}{s^2+9}$，上述积分其实就是 $s = 5$ 的特例，有

$$\int_0^{+\infty} e^{-5t} \cos 3t dt = \mathcal{L}[\cos 3t]_{s=5} = \frac{5}{5^2+9} = \frac{5}{34}.$$

5.2.5 卷积与卷积定理

1. 卷积

在傅里叶变换中讨论了卷积的定义，利用拉氏变换本身的特点，函数在变量取值小于零时为零函数. 卷积定义式有新的表达形式，当 $t \geqslant 0$ 时，有

$$f(t) * g(t) = \int_{-\infty}^{+\infty} f(\tau) g(t-\tau) d\tau$$

$$= \int_0^{+\infty} f(\tau)g(t-\tau)\mathrm{d}\tau$$

$$= \int_0^t f(\tau)g(t-\tau)\mathrm{d}\tau. \tag{5.15}$$

例 5.15　求函数 $f(t)=t$ 与 $g(t)=\sin t$ 的卷积.

解　由拉氏变换的卷积定义式，有

$$f(t)*g(t) = \int_0^t f(\tau)g(t-\tau)\mathrm{d}\tau$$

$$= \int_0^t \tau\sin(t-\tau)\mathrm{d}\tau$$

$$= \tau\cos(t-\tau)\Big|_0^t - \int_0^t \cos(t-\tau)\mathrm{d}\tau$$

$$= t - \sin t.$$

2. 卷积定理

若 $\mathcal{L}[f(t)]=F(s), \mathcal{L}[g(t)]=G(s)$ ，则有

$$\mathcal{L}[f(t)*g(t)] = F(s)\cdot G(s). \tag{5.16}$$

证明　思路：利用拉氏变换定义和卷积定义化为二重积分，交换积分次序并进一步化简可证上述结论，具体步骤如下：

$$\mathcal{L}[f(t)*g(t)] = \int_0^{+\infty} f(t)*g(t)\mathrm{e}^{-st}\mathrm{d}t$$

$$= \int_0^{+\infty}\left[\int_0^t f(\tau)g(t-\tau)\mathrm{d}\tau\right]\mathrm{e}^{-st}\mathrm{d}t$$

$$= \int_0^{+\infty}\left[\int_0^t f(\tau)g(t-\tau)\mathrm{e}^{-st}\mathrm{d}\tau\right]\mathrm{d}t$$

$$= \int_0^{+\infty}\left[\int_\tau^{+\infty} f(\tau)g(t-\tau)\mathrm{e}^{-st}\mathrm{d}t\right]\mathrm{d}\tau$$

$$\xrightarrow{t_1=t-\tau} \int_0^{+\infty}\left[\int_0^{+\infty} f(\tau)g(t_1)\mathrm{e}^{-st_1}\mathrm{e}^{-s\tau}\mathrm{d}t_1\right]\mathrm{d}\tau$$

$$= \int_0^{+\infty} f(\tau)\mathrm{e}^{-s\tau}\mathrm{d}\tau\int_0^{+\infty} g(t_1)\mathrm{e}^{-st_1}\mathrm{d}t_1$$

$$= F(s)G(s).$$

由逆变换有

$$\mathcal{L}^{-1}[F(s)\cdot G(s)] = f(t)*g(t).$$

例 5.16　已知 $F(s)=\dfrac{1}{s^2(s^2+1)}$ ，求 $f(t)$.

解　由于 $F(s)=\dfrac{1}{s^2(s^2+1)}=\dfrac{1}{s^2}\cdot\dfrac{1}{s^2+1}$ ， $\mathcal{L}^{-1}\left[\dfrac{1}{s^2}\right]=t$ 且 $\mathcal{L}^{-1}\left[\dfrac{1}{s^2+1}\right]=\sin t$ ，

故有

$$f(t) = \mathcal{L}^{-1}[F(s)] = t * \sin t = t - \sin t.$$

5.3 拉普拉斯变换的应用

许多实际问题最终可以化为微分方程来描述，可以说求解微分方程是整个科学界的公共问题，拉氏变换可以用来求解微分方程，并且是一种非常有效的方法，在工程学上经常使用该方法. 下面简单介绍利用拉氏变换如何求解常微分方程、常微分方程组、积分方程和偏微分方程.

对工科学生来说，学习理论的目的是为了应用，本节是这一章的重点内容，要求掌握拉氏变换求解微分方程的思想，学会利用拉氏变换求解简单的微分积分方程.

5.3.1 留数方法计算拉氏逆变换

利用拉氏变换求解微分方程，最后一步需要求拉氏逆变换，也就是求 $f(t)$. 在本章的开头给出拉氏逆变换的反演积分公式，同时也看到后面的内容中并没有直接使用它来计算拉氏逆变换. 在 5.2 节中利用了拉氏变换的性质来计算 $f(t)$，比如例 5.16. 可以直接查拉氏变换公式表来计算方法 $f(t)$，虽然简单有效，但是使用范围有限. 下面介绍一种更一般性的方法，利用留数来计算 $f(t)$.

定理 5.2 若 $F(s)$ 除在半平面 $\mathrm{Re}\, s \leqslant c$ 内有限个孤立奇点 $s_1, s_2, \cdots, s_n$ 外是解析的，且当 $s \to \infty$ 时，$F(s) \to 0$，则有

$$\begin{aligned} f(t) &= \mathcal{L}^{-1}[F(s)] \\ &= \sum_{k=0}^{n} \mathrm{Res}[F(s)\mathrm{e}^{st}, s_k] \quad (t > 0). \end{aligned} \tag{5.17}$$

例 5.17 用留数方法求 $F(s) = \dfrac{1}{s(s-1)^2}$ 的拉氏逆变换.

解 由于 $s_1 = 0, s_2 = 1$ 分别为像函数 $F(s)$ 的简单极点与二阶极点，由定理 5.2，则有

$$\begin{aligned} f(t) &= \mathcal{L}^{-1}[F(s)] \\ &= \mathrm{Res}[F(s)\mathrm{e}^{st}, 0] + \mathrm{Res}[F(s)\mathrm{e}^{st}, 1] \\ &= \frac{\mathrm{e}^{st}}{(s-1)^2}\bigg|_{s=0} + \left(\frac{\mathrm{e}^{st}}{s}\right)'\bigg|_{s=1} \\ &= 1 + \mathrm{e}^t(t-1). \end{aligned}$$

例 5.18　用留数方法求 $F(s) = \dfrac{2s-1}{s^2(s-1)^2}$ 的拉氏逆变换.

解　$F(s) = \dfrac{2s-1}{s^2(s-1)^2} = -\dfrac{1}{s^2} + \dfrac{1}{(s-1)^2}$，故 $s_1 = 0, s_2 = 1$ 分别为 $\dfrac{1}{s^2}, \dfrac{1}{(s-1)^2}$ 的二阶极点，由拉氏变换的线性性质和定理 5.2，则有

$$f(t) = \mathcal{L}^{-1}[F(s)]$$
$$= -\mathcal{L}^{-1}\left[\frac{1}{s^2}\right] + \mathcal{L}^{-1}\left[\frac{1}{(s-1)^2}\right]$$
$$= -\mathrm{Res}\left[\frac{1}{s^2}e^{st}, 0\right] + \mathrm{Res}\left[\frac{1}{(s-1)^2}e^{st}, 1\right]$$
$$= -(e^{st})'\big|_{s=0} + (e^{st})'\big|_{s=1}$$
$$= -t + te^t.$$

注　本题可以先化简 $F(s)$ 后求解，当然也可以直接利用留数定理求解，对于比较复杂，并且有高阶极点的函数，建议先化简，这样可以减少求留数时的错误.

例 5.19　求 $F(s) = \dfrac{s+2}{(s+1)(s-1)(s+3)}$ 的拉氏逆变换.

解　由于 $s_1 = -3, s_2 = -1, s_3 = 1$ 都是像函数 $F(s)$ 的简单极点，由定理 5.2 则有

$$f(t) = \mathcal{L}^{-1}[F(s)]$$
$$= \mathrm{Res}[F(s)e^{st}, -3] + \mathrm{Res}[F(s)e^{st}, -1] + \mathrm{Res}[F(s)e^{st}, 1]$$
$$= \frac{(s+2)e^{st}}{(s+1)(s-1)}\bigg|_{s=-3} + \frac{(s+2)e^{st}}{(s+3)(s-1)}\bigg|_{s=-1} + \frac{(s+2)e^{st}}{(s+1)(s+3)}\bigg|_{s=1}$$
$$= -\frac{1}{8}e^{-3t} - \frac{1}{4}e^{-t} + \frac{3}{8}e^t.$$

5.3.2　求解常微分方程（组）

利用拉氏变换的时域微分性质，可以把常微分方程变成不含微分的代数方程，由代数方程求解出像函数，最后对像函数进行拉氏逆变换. 总结如下:

微分方程 $\xrightarrow{\text{拉氏变换}}$ 代数方程 $\rightarrow$ 求代数方程的解 $\xrightarrow{\text{拉氏变换}}$ 初始问题的解.

例 5.20　求解微分方程 $y'' + 2y' - 3y = e^{-t}$ 满足初始条件 $y|_{t=0} = 0, y'|_{t=0} = 1$ 的解.

解　令 $\mathcal{L}[y(t)] = Y(s)$. 对方程两边取拉氏变换，并代入初始条件，得

$$s^2 Y(s) - 1 + 2sY(s) - 3Y(s) = \frac{1}{s+1}.$$

求解此代数方程得

$$Y(s) = \frac{s+2}{(s+1)(s-1)(s+3)},$$

由例 5.19,求拉氏逆变换,得

$$y(t) = \mathcal{L}^{-1}[Y(s)] = -\frac{1}{8}e^{-3t} - \frac{1}{4}e^{-t} + \frac{3}{8}e^{t}.$$

例 5.21　求解微分方程 $y''' + 3y'' + 3y' + y = 6e^{-t}, y(0) = y'(0) = y''(0).$

解　令 $\mathcal{L}[y(t)] = Y(s)$. 对方程两边取拉氏变换,并代入初始条件,得

$$s^3 Y(s) + 3s^2 Y(s) + 3sY(s) + Y(s) = \frac{6}{s+1}.$$

求解此代数方程,得

$$Y(s) = \frac{3!}{(s+1)^4},$$

利用频域位移和时域微分性质,求拉氏逆变换,得

$$\begin{aligned} y(t) &= \mathcal{L}^{-1}\left[\frac{3!}{(s+1)^4}\right] \\ &= e^{-t}\mathcal{L}^{-1}\left[\frac{3!}{s^4}\right] \\ &= t^3 e^{-t}. \end{aligned}$$

下面求解一个变系数微分方程,除了上述两个例子中用到的时域微分性质外,还要使用其他拉氏变换的性质.

例 5.22　求解微分方程 $ty'' + (1-2t)y' - 2y = 0, y\big|_{t=0} = 0, y'\big|_{t=0} = 2$.

解　令 $\mathcal{L}[y(t)] = Y(s)$. 对方程两边取拉氏变换,得

$$\mathcal{L}[ty''] + \mathcal{L}[(1-2t)y'] - \mathcal{L}[2y] = 0,$$

利用拉氏变换的位移、微分、线性性质,则有

$$\begin{cases} \mathcal{L}[ty''] = -\dfrac{\mathrm{d}}{\mathrm{d}s}\mathcal{L}[y''] = -\dfrac{\mathrm{d}}{\mathrm{d}s}[s^2 Y(s) - sy(0) - y'(0)], \\[2mm] \mathcal{L}[(1-2t)y'] = \mathcal{L}[y'] + \mathcal{L}[-2ty'] = sY(s) - y(0) + 2\dfrac{\mathrm{d}}{\mathrm{d}s}[sY(s) - y(0)], \\[2mm] \mathcal{L}[2y] = 2\mathcal{L}[y] = 2Y(s). \end{cases}$$

把上面结论和初始条件代入化简,得

$$(2-s)Y'(s) - Y(s) = 0.$$

求解这个可分离变换的一阶微分方程，得

$$Y(s) = \frac{C}{s-2},$$

求拉氏逆变换，得

$$y(t) = Ce^{2t}.$$

代入初始条件，可得方程的解为

$$y(t) = e^{2t}.$$

例 5.23 利用拉氏变换求解微分方程组：

$$\begin{cases} x'(t) + x(t) - y(t) = e^t, & x(0) = 1, \\ y'(t) + 3x(t) - 2y(t) = 2e^t, & y(0) = 1. \end{cases}$$

解 令 $\mathcal{L}[x(t)] = X(s), \mathcal{L}[y(t)] = Y(s)$，对方程组两边取拉氏变换，并代入初始条件，得

$$\begin{cases} sX(s) - 1 + X(s) - Y(s) = \dfrac{1}{s-1}, \\ sY(s) - 1 + 3X(s) - 2Y(s) = 2\dfrac{1}{s-1}. \end{cases}$$

求解得

$$X(s) = Y(s) = \frac{1}{s-1},$$

取拉氏逆变换得方程的解为

$$x(t) = y(t) = e^t.$$

例 5.24 利用拉氏变换求解微分方程组：

$$\begin{cases} y''(t) - x''(t) + x'(t) - y(t) = e^t - 2, & x(0) = x'(0) = 0, \\ 2y''(t) - x''(t) - 2y'(t) + x(t) = -t, & y(0) = y'(0) = 0. \end{cases}$$

解 令 $\mathcal{L}[x(t)] = X(s), \mathcal{L}[y(t)] = Y(s)$，对方程组两边取拉氏变换，并代入初始条件，得

$$\begin{cases} (s+1)Y(s) - sX(s) = \dfrac{-s+2}{s(s-1)^2}, \\ 2sY(s) - (s+1)X(s) = -\dfrac{1}{s^2(s-1)}. \end{cases}$$

求解得

$$X(s) = \frac{2s-1}{s^2(s-1)^2}, \quad Y(s) = \frac{1}{s(s-1)^2}.$$

求拉氏逆变换，由例 5.17 和例 5.18，可得

$$x(t) = -t + te^t, \quad y(t) = 1 - e^t + te^t.$$

例 5.25 利用拉氏变换求解微分方程组：

$$\begin{cases} x'(t) + y''(t) = \delta(t-1), & x(0) = x'(0) = 0, \\ 2x(t) + y'''(t) = 2u(t-1), & y(0) = y'(0) = 0. \end{cases}$$

解 令 $\mathcal{L}[x(t)] = X(s), \mathcal{L}[y(t)] = Y(s)$，对方程组两边取拉氏变换，并代入初始条件，得

$$\begin{cases} sX(s) + s^2 Y(s) = e^{-s}, \\ 2X(s) + s^3 Y(s) = -\dfrac{2e^{-s}}{s}. \end{cases}$$

求解得

$$X(s) = \frac{e^{-s}}{s}, \quad Y(s) = 0.$$

取拉氏逆变换，得

$$x(t) = u(t-1), \quad y(t) = 0.$$

例 5.26 质量为 m 的物体挂在弹簧系数为 k 的弹簧一段，若物体自静止平衡位置 $x = 0$，时刻 $t = 0$ 受到冲击力 $f(t) = F\delta(t)$ 的作用，F 为常数，求该物体的运动规律 $x(t)$.

解 根据牛顿定理和胡克定律，有

$$mx'' = f(t) - kx$$
$$= F\delta(t) - kx,$$

初始条件为

$$x(0) = 0, \quad x'(0) = 0.$$

令 $\mathcal{L}[x(t)] = X(s)$，对方程两边取拉氏变换，并代入初始条件，得

$$ms^2 X(s) = F - kX(s).$$

求解上述方程，得

$$X(s) = \frac{F}{m} \cdot \frac{1}{s^2 + \omega^2},$$

其中 $\omega^2 = k / m$ ，求拉氏逆变换，得微分方程的解：

$$x(t) = \frac{F}{m\omega}\sin\omega t.$$

可见物体做正弦运动，ω 的物理意义是角频率.

5.3.3　求解积分方程

例 5.27　求解积分方程 $f(t) = at - \int_0^t \sin(x-t)f(x)\mathrm{d}x, a \neq 0.$

解　由卷积的定义，知 $f(t) * \sin t = \int_0^t \sin(x-t)f(x)\mathrm{d}x$ ，所有原方程化为

$$f(t) = at + f(t) * \sin t .$$

设 $\mathcal{L}[f(t)] = F(s)$ ，对方程取拉氏变换，得

$$F(s) = a\mathcal{L}[t] + F(s) \cdot \mathcal{L}[\sin t] .$$

因 $\mathcal{L}[t] = \dfrac{1}{s^2}, \mathcal{L}[\sin t] = \dfrac{1}{s^2+1}$ ，代入得

$$F(s) = \frac{a}{s^2} + F(s) \cdot \frac{1}{s^2+1},$$

求解得

$$F(s) = a\left(\frac{1}{s^2} + \frac{1}{s^4}\right).$$

取拉氏逆变换，得

$$f(t) = a\left(t + \frac{t^3}{6}\right).$$

例 5.28　如图 5.1 所示，设 $t = 0$ 时电容器上没有电荷，求电流 $i(t)$.

解　由回路电压定律，得电流方程为

$$Ri(t) + \frac{1}{C}\int_0^t i(t)\mathrm{d}t = E .$$

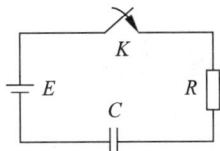

图　5.1

设 $\mathcal{L}\big[i(t)\big] = I(s)$ ，对上式取拉氏变换，并利用时域积分性质，有

$$RI + \frac{1}{C}\frac{I}{s} = \frac{E}{s} ,$$

求解得

$$I(s) = \frac{E}{R\left(s + \dfrac{1}{CR}\right)}.$$

取拉氏逆变换，得

$$i(t) = \mathcal{L}\left[\frac{E}{R(s + 1/CR)}\right] = \frac{E}{R}\mathcal{L}\left[\frac{1}{(s + 1/CR)}\right] = \frac{E}{R}\mathrm{e}^{-t/CR}.$$

5.3.4　求偏微分方程

例 5.29　求解偏微分方程 $\dfrac{\partial^2 u}{\partial x \partial y} = x^2 y (x > 0, y < +\infty), u(x,0) = x^2, u(0,y) = 3y.$

解　关于 y 取拉氏变换，令 $\mathcal{L}[u(x,y)] = U(x,s)$. 对方程两边取拉氏变换，由微分性质和初值条件，有

$$\begin{cases} \mathcal{L}\left[\dfrac{\partial u}{\partial y}\right] = s\mathcal{L}[u] - u(x,0) = sU(x,s) - u(x,0) = sU - x^2, \\ \mathcal{L}\left[\dfrac{\partial^2 u}{\partial x \partial y}\right] = \mathcal{L}\left[\dfrac{\partial}{\partial y}\left(\dfrac{\partial u}{\partial x}\right)\right] = s\mathcal{L}\left[\dfrac{\partial u}{\partial x}\right] - \dfrac{\partial u}{\partial x}(x,0) = s\dfrac{\mathrm{d}U}{\mathrm{d}x} - 2x, \\ \mathcal{L}[x^2 y] = \dfrac{x^2}{s^2}, \\ U(0,s) = \mathcal{L}[u(0,y)] = \mathcal{L}[u(0,y)] = \mathcal{L}[3y] = \dfrac{3}{s^2}. \end{cases}$$

这时，偏微分转化为带初值条件的一阶常微分方程：

$$\begin{cases} s\dfrac{\mathrm{d}U}{\mathrm{d}s} - 2x = \dfrac{x^2}{s^2}, \\ U(0,s) = \dfrac{3}{s^2}. \end{cases}$$

求解该常微分方程并代入初值条件，得

$$U(x,s) = \frac{x^3}{3s^3} + \frac{x^2}{s} + \frac{3}{s^2}.$$

求拉氏逆变换，得

$$u(x,y) = \frac{x^3 y^2}{6} + 3y + x^2.$$

5.3.5　使用 MATLAB 求解拉氏变换

数学软件的强大功能，使得它们成为工程上、数学上的强大工具. 下面介

绍使用 MATLAB 软件来实现拉氏变换和拉氏逆变换的运算. 先介绍两个基本的函数命令

（1）$F = laplace(f)$ 对函数 $f(t)$ 进行拉氏变换，并且输出结果 $F(s)$；

（2）$f = ilaplace(F)$ 对函数 $F(s)$ 进行拉氏变换，并且输出结果 $f(t)$.

例 5.30　求函数 $f(t) = te^{-t}\sin 2t$ 的拉氏变换.

解　MATLAB 程序如下：

```
clear;
syms t;
f = t*exp(-t)*sin(2*t);
F = laplace(f);
```

那么 MATLAB 程序输出 $F = 4/((s+1)\wedge 2 + 4)\wedge 2*(s+1)$.

故可写为

$$F(s) = \frac{4(s+1)}{[(s+1)^2 + 4]^2}.$$

例 5.31　已知 $F(s) = \dfrac{2s^2 + 3s + 3}{(s+1)(s+3)^3}$，求 $f(t)$.

解　MATLAB 程序如下：

```
clear;
syms s;
F = (2*s^2+3*s+3)/((s+1)(s+3)^3);
f = ilaplace(F);
```

那么 MATLAB 程序输出 $f = \exp(-t)/4 + (-3*t\wedge 2 + 3*t/2 - 1/4)*\exp(-3*t)$.

其中 exp 表示指数函数，故可写为

$$f(t) = \frac{e^{-t}}{4} + \left(-3t^2 + \frac{3t}{2} - \frac{1}{4}\right)e^{-3t}.$$

本章小结

本章从傅氏变换引出拉氏变换的概念，讨论了拉氏变换的一些基本性质以及拉氏逆变换的求解方法，并介绍了它在求解微分方程等方面的应用.

拉氏变换在傅氏变换的基础上，引入了衰减函数和指数函数，从而放宽了对函数的限制并使之更加适合工程实际. 拉氏变换仍保留了傅氏变换的一些好性质，并且微分、卷积等性质比傅氏变换更实用、更方便. 另外，拉氏变换具有明显的物理意义，它将频率变成复频率，从而它能同时描述函数的振荡频率和振荡幅度的变换速率.

根据拉氏变换与傅氏变换的关系导出的反演积分公式，是一种求拉氏逆变换的方法，但有时应根据像函数的具体情况而灵活地采用其他方法，充分利用拉氏变换的各种性质. 通常是将像函数分解为一些基本函数的相加或相乘，再利用线性性质、位移性质、延迟性质、卷积定理等，并结合这些基本函数的像原函数求出总的像原函数.

拉氏变换的应用领域相当广泛,本章介绍了它在求解微分方程方面的应用,拉氏变换能将微分方程变成代数方程求解，从而有效、简便地求解微分方程.

本章所介绍的拉氏变换称为单边拉氏变换，相应还有双边拉氏变换. 另一方面，拉氏是研究离散线性系统特性和求解差分方程的有力工具.

习题 5

5.1 求下列函数的拉普拉斯变换：

（1）$f(t) = \sin t \cdot \cos t$ ；（2）$f(t) = e^{-4t}$ ；（3）$f(t) = \sin^2 t$ ；

（4）$f(t) = \cos t \cdot \delta(t) - \sin t \cdot u(t)$.

5.2 求下列函数的拉普拉斯变换.

（1）$f(t) = \begin{cases} 2, & 0 \leqslant t < 1, \\ 1, & 1 \leqslant t < 2, \\ 0, & t \geqslant 2; \end{cases}$ （2）$f(t) = \begin{cases} \cos t, & 0 \leqslant t < \pi, \\ 0, & t \geqslant \pi. \end{cases}$

5.3 求图 5.2 所表示的周期函数的拉普拉斯变换.

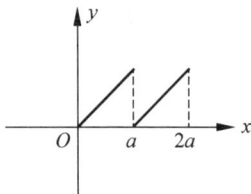

图 5.2

5.4 利用拉氏变换性质，计算下列函数的拉氏变换：

（1）$f(t) = e^{-2t} \cdot \sin 5t$ ； （2）$f(t) = 1 - t \cdot e^t$ ；

（3）$f(t) = u(2t - 4)$ ； （4）$f(t) = 5\sin 2t - 3\cos 2t$ ；

（5）$f(t) = t^{\frac{1}{2}} \cdot e^{\delta t}$ ； （6）$f(t) = t^2 + 3t + 2$.

5.5 求下列函数的拉普拉斯逆变换：

（1）$F(s) = \dfrac{s}{(s-1)(s-2)}$ ；　　（2）$F(s) = \dfrac{s^2+8}{(s^2+4)^2}$ ；

（3）$F(s) = \dfrac{1}{s(s+1)(s+2)}$ ；　　（4）$F(s) = \ln\dfrac{s-1}{s+1}$ ；

（5）$F(s) = \dfrac{s^2+2s-1}{s(s-1)^2}$ ；　　（6）$F(s) = \dfrac{1}{s^4+5s^2+4}$.

5.6 计算下列函数的卷积：

（1）$t*t$ ；　　　　　　　　（2）$t*e^t$ ；

（3）$\sin at * \sin at$ ；　　　　（4）$\delta(t-\tau)*f(t)$.

5.7 求下列微分方程的解：

（1）$y'' - y' = 4\sin t + 5\cos 2t$ ，　$y(0) = -1$ ，　$y'(0) = -2$ ；

（2）$y'' - 2y' + 2y = 2e^t \cdot \cos 2t$ ，　$y(0) = y'(0) = 0$ ；

（3）$y^{(4)} + 2y'' + y = 0$ ，　$y(0) = y'(0) = y'''(0) = 0$ ，　$y''(0) = 1$.

5.8 求下列微分方程组的解：

（1）$\begin{cases} x' - y + z' = 1, \\ x - y' + z = 0, \\ 4x' - y = 0 \end{cases}$ 　$x(0) = y(0) = z(0) = 0$.

（2）$\begin{cases} x' - 2y' = g(t), \\ x'' - y'' + y = 0, \end{cases}$ 　$x(0) = x'(0) = y(0) = y'(0) = 0$.

5.9 求下列方程的解：

（1）$x(t) + \displaystyle\int_0^t x(t-\omega) \cdot e^\omega \mathrm{d}\omega = 2t - 3$ ；

（2）$y(t) - \displaystyle\int_0^t (t-\omega) \cdot y(\omega)\mathrm{d}\omega = t$.

附录 1　傅氏变换简表

序号	$f(t)$	$F(\omega)$
1	$\cos\omega_0 t$	$\pi[\delta(\omega+\omega_0)+\delta(\omega-\omega_0)]$
2	$\sin\omega_0 t$	$\mathrm{j}\pi[\delta(\omega+\omega_0)-\delta(\omega-\omega_0)]$
3	$\mathrm{e}^{-\beta t}u(t)\,(\beta>0)$	$\dfrac{1}{\beta+\mathrm{j}\omega}$
4	$\mathrm{e}^{-a|t|}\,(a>0)$	$\dfrac{2a}{\omega^2+a^2}$
5	$\dfrac{\omega_0}{\pi}Sa(\omega_0 t)$	$\begin{cases}1,&|\omega|\leqslant\omega_0,\\0,&|\omega|>\omega_0\end{cases}$
6	$u(t)$	$\dfrac{1}{\mathrm{j}\omega}+\pi\delta(\omega)$
7	$\mathrm{sgn}(t)$	$\dfrac{2}{\mathrm{j}\omega}$
8	$\delta(t)$	1
9	1	$2\pi\delta(\omega)$
10	$\mathrm{e}^{\mathrm{j}\omega_0 t}$	$2\pi\delta(\omega-\omega_0)$
11	$|t|$	$-\dfrac{2}{\omega^2}$
12	$\mathrm{e}^{-at^2}\,(a>0)$	$\sqrt{\dfrac{\pi}{a}}\mathrm{e}^{-\frac{\omega^2}{4a}}$
13	$u(t-t_0)$	$\dfrac{1}{\mathrm{j}\omega}\mathrm{e}^{-\mathrm{j}\omega t_0}+\pi\delta(\omega)$
14	$u(t)\cdot t$	$-\dfrac{1}{\omega^2}+\pi\mathrm{j}\delta'(\omega)$
15	$u(t)\cdot t^n$	$\dfrac{n!}{(\mathrm{j}\omega)^{n+1}}+\pi\mathrm{j}^n\delta^{(n)}(\omega)$
16	$u(t)\cdot\sin at$	$\dfrac{a}{a^2-\omega^2}+\dfrac{\pi}{2\mathrm{j}}[\delta(\omega-a)-\delta(\omega+a)]$
17	$u(t)\cdot\cos at$	$\dfrac{\mathrm{j}\omega}{a^2-\omega^2}+\dfrac{\pi}{2}[\delta(\omega-a)+\delta(\omega+a)]$
18	$u(t)\cdot\mathrm{e}^{\mathrm{j}at}$	$\dfrac{1}{\mathrm{j}(\omega-a)}+\pi\delta(\omega-a)$

续表

序号	$f(t)$	$F(\omega)$
19	$u(t-t_0)\cdot\mathrm{e}^{\mathrm{j}at}$	$\dfrac{1}{\mathrm{j}(\omega-a)}\mathrm{e}^{-\mathrm{j}(\omega-a)t_0}+\pi\delta(\omega-a)$
20	$u(t)\cdot\mathrm{e}^{\mathrm{j}at}\cdot t^n$	$\dfrac{n!}{[\mathrm{j}(\omega-a)]^{n+1}}+\pi\mathrm{j}^n\delta^{(n)}(\omega-a)$
21	$\delta(t-t_0)$	$\mathrm{e}^{-\mathrm{j}\omega t_0}$
22	$\delta'(t)$	$\mathrm{j}\omega$
23	$\delta^{(n)}(t)$	$(\mathrm{j}\omega)^n$
24	$\delta^{(n)}(t-t_0)$	$(\mathrm{j}\omega)^n\mathrm{e}^{-\mathrm{j}\omega t_0}$
25	t	$2\pi\mathrm{j}\delta'(\omega)$
26	t^n	$2\pi\mathrm{j}^n\delta^{(n)}(\omega)$
27	$t^n\mathrm{e}^{\mathrm{j}\omega_0 t}$	$2\pi\mathrm{j}^n\delta^{(n)}(\omega-\omega_0)$
28	$\dfrac{1}{\lvert t\rvert}$	$\dfrac{\sqrt{2\pi}}{\lvert\omega\rvert}$
29	$\dfrac{1}{\sqrt{\lvert t\rvert}}$	$\sqrt{\dfrac{2\pi}{\omega}}$
30	$\dfrac{\sin at}{\sqrt{\lvert t\rvert}}$	$\mathrm{i}\sqrt{\dfrac{\pi}{2}}\left(\dfrac{1}{\sqrt{\lvert\omega+a\rvert}}-\dfrac{1}{\sqrt{\lvert\omega-a\rvert}}\right)$
31	$\dfrac{\cos at}{\sqrt{\lvert t\rvert}}$	$\sqrt{\dfrac{\pi}{2}}\left(\dfrac{1}{\sqrt{\lvert\omega+a\rvert}}+\dfrac{1}{\sqrt{\lvert\omega-a\rvert}}\right)$
32	$\sin at^2\ (a>0)$	$\sqrt{\dfrac{\pi}{a}}\cos\left(\dfrac{\omega^2}{4a}+\dfrac{\pi}{4}\right)$
33	$\cos at^2\ (a>0)$	$\sqrt{\dfrac{\pi}{a}}\cos\left(\dfrac{\omega^2}{4a}-\dfrac{\pi}{4}\right)$
34	$\dfrac{\sin at}{t}\ (a>0)$	$\begin{cases}\pi, & \lvert\omega\rvert\leqslant a,\\ 0, & \lvert\omega\rvert>a\end{cases}$
35	$\dfrac{\sin^2 at}{t^2}\ (a>0)$	$\begin{cases}\pi\left(a-\dfrac{\lvert\omega\rvert}{2}\right), & \lvert\omega\rvert\leqslant 2a,\\ 0, & \lvert\omega\rvert>2a\end{cases}$
36	$\dfrac{1}{a^2+t^2}\ (\mathrm{Re}\,a<0)$	$-\dfrac{\pi}{a}\mathrm{e}^{a\lvert\omega\rvert}$

续表

序号	$f(t)$	$F(\omega)$
37	$\dfrac{t}{(a^2+t^2)^2}$ $(\mathrm{Re}\,a<0)$	$\dfrac{\mathrm{j}\omega\pi}{2a}\mathrm{e}^{a\lvert\omega\rvert}$
38	$\dfrac{\mathrm{e}^{jbt}}{a^2+t^2}$ $(\mathrm{Re}\,a<0,b\text{为实数})$	$-\dfrac{\pi}{a}\mathrm{e}^{a\lvert\omega-b\rvert}$
39	$\dfrac{\cos bt}{a^2+t^2}$ $(\mathrm{Re}\,a<0,b\text{为实数})$	$-\dfrac{\pi}{2a}(\mathrm{e}^{a\lvert\omega-b\rvert}+\mathrm{e}^{a\lvert\omega+b\rvert})$
40	$\dfrac{\sin bt}{a^2+t^2}$ $(\mathrm{Re}\,a<0,b\text{为实数})$	$-\dfrac{\pi}{2a\mathrm{j}}(\mathrm{e}^{a\lvert\omega-b\rvert}-\mathrm{e}^{a\lvert\omega+b\rvert})$
41	$\dfrac{\mathrm{sh}\,at}{\mathrm{sh}\,\pi t}$ $(-\pi<a<\pi)$	$\dfrac{\sin a}{\mathrm{ch}\,\omega+\cos a}$
42	$\dfrac{\mathrm{sh}\,at}{\mathrm{ch}\,\pi t}$ $(-\pi<a<\pi)$	$-2\mathrm{j}\dfrac{\sin\dfrac{a}{2}\,\mathrm{sh}\dfrac{\omega}{2}}{\mathrm{ch}\,\omega+\cos a}$
43	$\dfrac{\mathrm{ch}\,at}{\mathrm{ch}\,\pi t}$ $(-\pi<a<\pi)$	$2\dfrac{\cos\dfrac{a}{2}\,\mathrm{ch}\dfrac{\omega}{2}}{\mathrm{ch}\,\omega+\cos a}$
44	$\dfrac{1}{\mathrm{ch}\,at}$	$\dfrac{\pi}{a}\cdot\dfrac{1}{\mathrm{ch}\dfrac{\pi\omega}{2a}}$

附录 2 拉氏变换简表

序号	$f(t)$	$F(s)$
1	1	$\dfrac{1}{s}$
2	e^{at}	$\dfrac{1}{s-a}$
3	$t^m \ (m > -1)$	$\dfrac{\Gamma(m+1)}{s^m}$
4	$t^m e^{at} \ (m > -1)$	$\dfrac{\Gamma(m+1)}{(s-a)^{m+1}}$
5	$\sin at$	$\dfrac{a}{s^2 + a^2}$
6	$\cos at$	$\dfrac{s}{s^2 + a^2}$
7	$\mathrm{sh}\,at$	$\dfrac{a}{s^2 - a^2}$
8	$\mathrm{ch}\,at$	$\dfrac{s}{s^2 - a^2}$
9	$t\sin at$	$\dfrac{2as}{(s^2 + a^2)^2}$
10	$t\cos at$	$\dfrac{s^2 - a^2}{(s^2 + a^2)^2}$
11	$t\,\mathrm{sh}\,at$	$\dfrac{2as}{(s^2 - a^2)^2}$
12	$t\,\mathrm{ch}\,at$	$\dfrac{s^2 + a^2}{(s^2 - a^2)^2}$
13	$t^m \sin at \ (m > -1)$	$\dfrac{\Gamma(m+1)}{2\mathrm{j}(s^2 + a^2)^{m+1}} \cdot \left[(s+\mathrm{j}a)^{m+1} - (s-\mathrm{j}a)^{m+1} \right]$
14	$t^m \cos at \ (m > -1)$	$\dfrac{\Gamma(m+1)}{2\mathrm{j}(s^2 + a^2)^{m+1}} \cdot \left[(s+\mathrm{j}a)^{m+1} + (s-\mathrm{j}a)^{m+1} \right]$
15	$e^{-bt} \sin at$	$\dfrac{a}{(s+b)^2 + a^2}$
16	$e^{-bt} \cos at$	$\dfrac{s+b}{(s+b)^2 + a^2}$

序号	$f(t)$	$F(s)$
17	$\mathrm{e}^{-bt}\sin(at+c)$	$\dfrac{(s+b)\sin c + a\cos c}{(s+b)^2+a^2}$
18	$\sin^2 t$	$\dfrac{1}{2}\left(\dfrac{1}{s}-\dfrac{s}{s^2+4}\right)$
19	$\cos^2 t$	$\dfrac{1}{2}\left(\dfrac{1}{s}+\dfrac{s}{s^2+4}\right)$
20	$\sin at\sin bt$	$\dfrac{2abs}{[s^2+(a+b)^2][s^2+(a-b)^2]}$
21	$\mathrm{e}^{at}-\mathrm{e}^{bt}$	$\dfrac{a-b}{(s-a)(s-b)}$
22	$a\mathrm{e}^{at}-b\mathrm{e}^{bt}$	$\dfrac{(a-b)s}{(s-a)(s-b)}$
23	$\dfrac{1}{a}\sin at - \dfrac{1}{b}\sin bt$	$\dfrac{b^2-a^2}{(s^2+a^2)(s^2+b^2)}$
24	$\cos at - \cos bt$	$\dfrac{(b^2-a^2)s}{(s^2+a^2)(s^2+b^2)}$
25	$\dfrac{1}{a^2}(1-\cos at)$	$\dfrac{1}{s(s^2+a^2)}$
26	$\dfrac{1}{a^3}(at-\sin at)$	$\dfrac{1}{s^2(s^2+a^2)}$
27	$\dfrac{1}{a^4}(\cos at - 1)+\dfrac{1}{2a^2}t^2$	$\dfrac{1}{s^3(s^2+a^2)}$
28	$\dfrac{1}{a^4}(\mathrm{ch}\,at - 1)-\dfrac{1}{2a^2}t^2$	$\dfrac{1}{s^3(s^2-a^2)}$
29	$\dfrac{1}{2a^3}(\sin at - at\cos at)$	$\dfrac{1}{(s^2+a^2)^2}$
30	$\dfrac{1}{2a}(\sin at + at\cos at)$	$\dfrac{s^2}{(s^2+a^2)^2}$
31	$\dfrac{1}{a^4}(1-\cos at)-\dfrac{1}{2a^3}t\sin at$	$\dfrac{1}{s(s^2+a^2)^2}$
32	$(1-at)\mathrm{e}^{-at}$	$\dfrac{s}{(s+a)^2}$
33	$t\left(1-\dfrac{a}{2}t\right)\mathrm{e}^{-at}$	$\dfrac{s}{(s+a)^3}$

序号	$f(t)$	$F(s)$
34	$\dfrac{1}{a}(1-\mathrm{e}^{-at})$	$\dfrac{1}{s(s+a)}$
35	$\dfrac{1}{ab}+\dfrac{1}{b-a}\left(\dfrac{\mathrm{e}^{-bt}}{b}-\dfrac{\mathrm{e}^{-at}}{a}\right)$	$\dfrac{1}{s(s+a)(s+b)}$
36	$\mathrm{e}^{-at}-\mathrm{e}^{\frac{at}{2}}\left(\cos\dfrac{\sqrt{3}at}{2}-\sqrt{3}\sin\dfrac{\sqrt{3}at}{2}\right)$	$\dfrac{3a^2}{s^3+a^3}$
37	$\sin at\cdot\mathrm{ch}at-\cos at\cdot\mathrm{sh}at$	$\dfrac{4a^3}{s^4+4a^4}$
38	$\dfrac{1}{2a^2}\sin at\cdot\mathrm{sh}at$	$\dfrac{s}{s^4+4a^4}$
39	$\dfrac{1}{2a^3}(\mathrm{sh}at-\sin at)$	$\dfrac{1}{s^4-a^4}$
40	$\dfrac{1}{2a^2}(\mathrm{ch}at-\cos at)$	$\dfrac{s}{s^4-a^4}$
41	$\dfrac{1}{\sqrt{\pi t}}$	$\dfrac{1}{\sqrt{s}}$
42	$2\sqrt{\dfrac{t}{\pi}}$	$\dfrac{1}{s\sqrt{s}}$
43	$\dfrac{1}{\sqrt{\pi t}}\mathrm{e}^{at}(1+2at)$	$\dfrac{s}{(s-a)\sqrt{s-a}}$
44	$\dfrac{1}{2\sqrt{\pi t^3}}(\mathrm{e}^{bt}-\mathrm{e}^{at})$	$\sqrt{s-a}-\sqrt{s-b}$
45	$\dfrac{1}{\sqrt{\pi t}}\cos 2\sqrt{at}$	$\dfrac{1}{\sqrt{s}}\mathrm{e}^{-\frac{a}{s}}$
46	$\dfrac{1}{\sqrt{\pi t}}\mathrm{ch}2\sqrt{at}$	$\dfrac{1}{\sqrt{s}}\mathrm{e}^{\frac{a}{s}}$
47	$\dfrac{1}{\sqrt{\pi t}}\sin 2\sqrt{at}$	$\dfrac{1}{s\sqrt{s}}\mathrm{e}^{-\frac{a}{s}}$
48	$\dfrac{1}{\sqrt{\pi t}}\mathrm{sh}2\sqrt{at}$	$\dfrac{1}{s\sqrt{s}}\mathrm{e}^{\frac{a}{s}}$
49	$\dfrac{1}{t}(\mathrm{e}^{bt}-\mathrm{e}^{at})$	$\ln\dfrac{s-a}{s-b}$
50	$\dfrac{2}{t}\mathrm{sh}at$	$\ln\dfrac{s+a}{s-a}=2\mathrm{Arcth}\dfrac{a}{s}$

序号	$f(t)$	$F(s)$
51	$\dfrac{2}{t}(1-\cos at)$	$\ln\dfrac{s^2+a^2}{s^2}$
52	$\dfrac{2}{t}(1-\mathrm{ch}\,at)$	$\ln\dfrac{s^2-a^2}{s^2}$
53	$\dfrac{1}{t}\sin at$	$\arctan\dfrac{a}{s}$
54	$\dfrac{1}{t}(\mathrm{ch}\,at-\cos bt)$	$\ln\sqrt{\dfrac{s^2+b^2}{s^2-a^2}}$
55	$\dfrac{1}{\pi t}\sin(2a\sqrt{t})$	$\mathrm{erf}\left(\dfrac{a}{\sqrt{s}}\right)$
56	$\dfrac{1}{\sqrt{\pi t}}\mathrm{e}^{-2a\sqrt{t}}$	$\dfrac{1}{\sqrt{s}}\mathrm{e}^{\frac{a^2}{s}}\mathrm{erfc}\left(\dfrac{a}{\sqrt{s}}\right)$
57	$\mathrm{erfc}\left(\dfrac{a}{2\sqrt{t}}\right)$	$\dfrac{1}{s}\mathrm{e}^{-a\sqrt{s}}$
58	$\mathrm{erf}\left(\dfrac{t}{2a}\right)$	$\dfrac{1}{s}\mathrm{e}^{a^2s^2}\mathrm{erfc}(as)$
59	$\dfrac{1}{\sqrt{\pi t}}\mathrm{e}^{-2\sqrt{at}}$	$\dfrac{1}{\sqrt{s}}\mathrm{e}^{\frac{a}{s}}\mathrm{erfc}\left(\sqrt{\dfrac{a}{s}}\right)$
60	$\dfrac{1}{\sqrt{\pi(t+a)}}$	$\dfrac{1}{\sqrt{s}}\mathrm{e}^{as}\mathrm{erfc}(\sqrt{as})$
61	$\dfrac{1}{\sqrt{a}}\mathrm{erf}(\sqrt{at})$	$\dfrac{1}{s\sqrt{s+a}}$
62	$\dfrac{1}{\sqrt{a}}\mathrm{e}^{at}\mathrm{erf}(\sqrt{at})$	$\dfrac{1}{\sqrt{s}(s-a)}$
63	$u(t)$	$\dfrac{1}{s}$
64	$tu(t)$	$\dfrac{1}{s^2}$
65	$t^m u(t)\ (m>-1)$	$\dfrac{1}{s^{m+1}}\Gamma(m+1)$
66	$\delta(t)$	1
67	$\delta^{(m)}(t)$	s^m
68	$\mathrm{sgn}\,t$	$\dfrac{1}{s}$

序号	$f(t)$	$F(s)$
69	$J_0(at)$	$\dfrac{1}{\sqrt{s^2 + a^2}}$
70	$I_0(at)$	$\dfrac{1}{\sqrt{s^2 - a^2}}$
71	$J_0(2at)$	$\dfrac{1}{s}\mathrm{e}^{-\frac{a}{s}}$
72	$\mathrm{e}^{-bt}I_0(at)$	$\dfrac{1}{\sqrt{(s+b)^2 - a^2}}$
73	$tJ_0(at)$	$\dfrac{s}{(s^2 + a^2)^{\frac{3}{2}}}$
74	$tI_0(at)$	$\dfrac{s}{(s^2 - a^2)^{\frac{3}{2}}}$
75	$J_0(a\sqrt{t(t+2b)})$	$\dfrac{1}{\sqrt{s^2 + a^2}}\mathrm{e}^{b(s-\sqrt{s^2+a^2})}$

部分习题参考答案

习题 1

1.1 （1）$-2+3\mathrm{i}$；（2）$a^3-3ab^2+\mathrm{i}(b^3-3a^2b)$；（3）$-\dfrac{3}{10}+\dfrac{\mathrm{i}}{10}$；（4）$\dfrac{x^2+y^2-1+2\mathrm{i}y}{(x+1)^2+y^2}$.

1.2 $\bar{A}z+A\bar{z}+B=0$，其中 $A=a+\mathrm{i}b,B=2c$（实数）.

1.3 $Az\bar{z}+Bz+\bar{B}\bar{z}+C=0$，其中 $A=2a,C=2d$ 均为实数，$B=b+\mathrm{i}c$.

1.4 （1）2，$\dfrac{\pi}{6}$；（2）$\sqrt{2}$，$-\dfrac{3\pi}{4}$；（3）$\sqrt{5}$，$-\arctan\dfrac{1}{2}$；（4）$\sqrt{10}$，$\pi-\arctan 3$.

1.5 （1）$\sqrt{13}\left[\cos\left(\pi-\arctan\dfrac{2}{3}\right)+\mathrm{i}\sin\left(\pi-\arctan\dfrac{2}{3}\right)\right]$；

（2）$\cos\left(\dfrac{\pi}{2}-\alpha\right)+\mathrm{i}\sin\left(\dfrac{\pi}{2}-\alpha\right)$；（3）$\cos\left(-\dfrac{2\pi}{2}\right)+\mathrm{i}\sin\left(-\dfrac{2\pi}{3}\right)$.

1.6 （1）$z=1+\mathrm{i}+(-2-5\mathrm{i})t$（$0\leqslant t\leqslant 1$）；（2）$z=a\cos t+\mathrm{i}b\sin t$（$0\leqslant t<2\pi$）.

1.8 （1）除 $z=\pm 1$ 外在复平面上处处解析，$z=\pm 1$ 为奇点，$f'(z)=-\dfrac{2z}{(z^2-1)^2}$；

（2）除 $z=-\dfrac{d}{c}$（$c\neq 0$）外在复平面上处处解析，$z=-\dfrac{d}{c}$ 为奇点，$f'(z)=$

$\dfrac{ad-bc}{(cz+d)^2}$.

1.9 （1）$z=0$ 可导，$z\neq 0$ 不可导；复平面上处处不解析；

（2）$x=y$ 上可导，其余点均不可导；复平面上处处不解析.

（3）复平面上处处解析.

1.10 （1）$4\pi\mathrm{i}$；（2）$8\pi\mathrm{i}$.

1.11 （1）0；（2）0；（3）$2\pi\mathrm{i}$.

1.12 0.

1.13 0.

1.14 0.

1.15 （1）$2\pi\mathrm{i}\mathrm{e}^2$；（2）$4\pi\mathrm{i}$.

习题 2

2.1 （1）无；（2）0；（3）无.

2.2 （1）发散；（2）绝对收敛；（3）发散.

2.3 （1）1；（2）$\dfrac{1}{\mathrm{e}}$；（3）∞.

2.4 （1）$1-z^3+z^6-\cdots,|z|<1$.

（2）当 $a=b$ 时，级数为 $\displaystyle\sum_{n=1}^{\infty}\dfrac{nz^{n-1}}{a^{n+1}},|z|<|a|$；

当 $a\neq b$ 时，级数为 $\dfrac{1}{b-a}\displaystyle\sum_{n=0}^{\infty}\left(\dfrac{1}{a^{n+1}}-\dfrac{1}{b^{n+1}}\right)z^n,|z|<\min(|a|,|b|)$.

（3）$1-2z^2+3z^4-4z^6+\cdots,|z|<1$.

（4）$-\dfrac{1}{2}\displaystyle\sum_{n=1}^{\infty}(-1)^n\dfrac{(2z)^n}{(2n)!},|z|<\infty$.

2.5 （1）$\displaystyle\sum_{n=0}^{\infty}(-1)^n(n+1)(z-1)^n,|z-1|<1$；

（2）$\displaystyle\sum_{n=0}^{\infty}\dfrac{3^n}{(1-3\mathrm{i})^{n+1}}[z-(1+\mathrm{i})]^n,|z-(1+\mathrm{i})|<\dfrac{\sqrt{10}}{3}$；

（3）$1+2\left(z-\dfrac{\pi}{4}\right)+2\left(z-\dfrac{\pi}{4}\right)^2+\dfrac{8}{3}\left(z-\dfrac{\pi}{4}\right)^3+\cdots,\left|z-\dfrac{\pi}{4}\right|<\dfrac{\pi}{4}$.

2.6 （1）$\dfrac{1}{z^2}-2\displaystyle\sum_{n=0}^{\infty}z^{n-2},0<|z|<1$；$\dfrac{1}{z^2}+2\displaystyle\sum_{n=0}^{\infty}\dfrac{1}{z^{n+3}},1<|z|<\infty$.

（2）$\displaystyle\sum_{n=-2}^{\infty}\dfrac{1}{(n+2)!}\cdot\dfrac{1}{z^n},0<|z|<\infty$.

2.7 在 $0<|z-2|<1$ 内，$f(z)=-\displaystyle\sum_{n=0}^{\infty}(z-2)^{n-1}$；

在 $1<|z-2|<+\infty$ 内，$f(z)=\displaystyle\sum_{n=0}^{\infty}\dfrac{1}{(z-2)^{n+2}}$；

在 $0<|z-3|<1$ 内，$f(z)=\displaystyle\sum_{n=0}^{\infty}(-1)^n(z-3)^{n-1}$；

在 $1<|z-3|<+\infty$ 内，$f(z)=\displaystyle\sum_{n=0}^{\infty}(-1)^n\dfrac{1}{(z-3)^{n+2}}$.

2.8 $\displaystyle\sum_{n=0}^{\infty}(-1)^n(n+1)\dfrac{(z-\mathrm{i})^{n-2}}{(2\mathrm{i})^{n+2}},0<|z-\mathrm{i}|<2$.

习题 3

3.1 （1）是；（2）不是；（3）是.

3.2 （1）$z = \pm 3i$，一阶；（2）$z = 0$，二阶；$z = k\pi$（k 为正数，$k \neq 0$），一阶；

（3）$z = 0$，四阶；$z = \sqrt{2k\pi i}$，一阶.

3.3 （1）$z = 0$ 为简单极点，$z = \pm 2i$ 为二阶极点；（2）$z = 0$ 为二阶极点；

（3）$z = k\pi - \dfrac{\pi}{4}$（$k = 0, \pm 1, \cdots$）各为简单极点；

（4）$z = 0$ 为三阶极点，$z = 2k\pi i$（$k = \pm 1, \pm 2, \cdots$）各为简单极点；

（5）$z = 0$ 为可去极点；

（6）$z = 0$ 为可去极点，$z = 2k\pi i$（$k = \pm 1, \pm 2, \cdots$）各为简单极点.

3.5 （1）$\operatorname{Res}[f(z), 0] = 0$；

（2）$\operatorname{Res}[f(z), 2] = \dfrac{128}{5}$，$\operatorname{Res}[f(z), i] = \dfrac{1}{4 - 2i}$，$\operatorname{Res}[f(z), -i] = \dfrac{1}{4 + 2i}$；

（3）$\operatorname{Res}[f(z), -1] = -2\sin 2$；（4）$\operatorname{Res}[f(z), 0] = -\dfrac{1}{6}$；

（5）$\operatorname{Res}[f(z), 0] = 0$，$\operatorname{Res}[f(z), k\pi] = \dfrac{(-1)^n}{k\pi}, k \neq 0$.

3.6 （1）0；（2）$\dfrac{1}{8}\pi e i$；（3）$4\pi e^2 i$；（4）$-2\pi i$.

3.7 （1）$-\dfrac{2}{3}\pi i$；（2）$2\pi i$.

3.8 （1）$\dfrac{2\pi}{\sqrt{a^2 - 1}}$；（2）$\dfrac{\pi}{2}$.

习题 4

4.2 （1）$-\dfrac{2j}{\omega}[1 - \cos\omega]$；（2）$\dfrac{1}{1 - j\omega}$；（3）$-\dfrac{4}{\omega^2}\left(\cos\omega - \dfrac{1}{\omega}\sin\omega\right)$；

（4）$\dfrac{2}{4 + (1 + j\omega)^2} = \dfrac{2(5 - \omega^2 - 2j\omega)}{25 - 6\omega^2 + \omega^4}$.

4.3 （1）$F(\omega) = \dfrac{2\sin\omega}{\omega}$；（2）$F(\omega) = \dfrac{-2j\sin\omega\pi}{1 - \omega^2}$.

4.5 $f(t) = \cos\omega_0 t$.

4.6 $F(\omega) = \cos\omega a + \cos\dfrac{\omega a}{2}$.

4.7 $f_1(t) * f_2(t) = \begin{cases} 1 - e^{-4t}, & t \geq 0, \\ 0, & t < 0. \end{cases}$

4.8 （1） $F(\omega) = \dfrac{\pi \mathrm{j}}{2}[\delta(\omega + 2) - \delta(\omega - 2)]$ ；

　　（2） $F(\omega) = \dfrac{\omega_0}{\omega_0^2 - \omega^2} + \dfrac{\pi}{2\mathrm{j}}[\delta(\omega - \omega_0) - \delta(\omega + \omega_0)]$ ；

　　（3） $F(\omega) = \dfrac{-1}{(\omega - \omega_0)^2} + \pi \mathrm{j} \delta'(\omega - \omega_0)$.

习题 5

5.1 （1） $\dfrac{1}{s^2 + 4}$ ； （2） $\dfrac{1}{s + 4}$ ； （3） $\dfrac{2}{s(s^2 + 4)}$ ； （4） $\dfrac{s^2}{s^2 + 1}$.

5.2 （1） $\dfrac{1}{s}(2 - \mathrm{e}^{-s} - \mathrm{e}^{-2s})$ ； （2） $\dfrac{1}{s}(1 + \mathrm{e}^{-\pi s}) + \dfrac{1 + \mathrm{e}^{-\pi s}}{s^2 + 1}$.

5.3 $\dfrac{1 + as}{s^2} - \dfrac{a}{s(1 - \mathrm{e}^{-as})}$.

5.4 （1） $\dfrac{5}{(s + 2)^2 + 25}$ ； （2） $\dfrac{1}{s} - \dfrac{1}{(s - 1)^2}$ ； （3） $\dfrac{1}{s}\mathrm{e}^{-2s}$ ； （4） $\dfrac{10 - 3s}{s^2 + 4}$ ；

　　（5） $\dfrac{\varGamma\left(\dfrac{3}{2}\right)}{(s - \delta)^{\frac{3}{2}}}$ ； （6） $\dfrac{1}{s}(2s^2 + 3s + 2)$.

5.5 （1） $2\mathrm{e}^{2t} - \mathrm{e}^t$ ； （2） $\dfrac{3}{4}\sin 2t - \dfrac{1}{2}t\cos 2t$ ； （3） $\dfrac{1}{2} - \mathrm{e}^{-t} + \dfrac{1}{2}\mathrm{e}^{-2t}$ ；

　　（4） $\dfrac{\mathrm{e}^t - \mathrm{e}^{-t}}{t}$ 或 $2\dfrac{\mathrm{sh}t}{t}$ ； （5） $2t\mathrm{e}^t + 2\mathrm{e}^t - 1$ ； （6） $\dfrac{1}{3}\sin t - \dfrac{1}{6}\sin(2t)$.

5.6 （1） $\dfrac{1}{6}t^3$ ； （2） $\mathrm{e}^t - t - 1$ ； （3） $\dfrac{1}{2a}\sin at - \dfrac{t}{2}\cos 2at$ ； （4） $\begin{cases} 0, & t < \tau, \\ f(t - \tau), & 0 \leqslant \tau < t. \end{cases}$

5.7 （1） $y(t) = -2\sin t - \cos 2t$ ； （2） $y(t) = t\mathrm{e}^t \sin t$ ； （3） $y(t) = \dfrac{1}{2}t\sin t$.

5.8 （1） $x(t) = \dfrac{1}{4}(\mathrm{sh}t - t)$ ； $y(t) = \mathrm{ch}t - 1$ ； $z(t) = \dfrac{1}{4}(3\mathrm{sh}t + t)$.

　　（2） $\begin{cases} x(t) = \displaystyle\int_0^t (1 - 2\cos \tau)g(t - \tau)\mathrm{d}\tau, \\ y(t) = -\displaystyle\int_0^t g(\tau)\cos(t - \tau)\mathrm{d}\tau. \end{cases}$

5.9 （1） $x(t) = -t^2 + 5t - 3$ ； （2） $y(t) = \mathrm{sh}t$.

名 词 索 引

参 考 文 献

[1] 李松, 谢松法. 复变函数与积分变换[M]. 3 版. 北京：高等教育出版社，2009.
[2] 杜秀云, 等. 复变函数[M]. 北京：清华大学出版社，2015.
[3] 石辛民, 翁智. 复变函数及其应用[M]. 北京：清华大学出版社，2012.
[4] 杨贺菊, 姚卫. 复变函数[M]. 北京：清华大学出版社，2015.
[5] 王培光, 高春霞, 等. 数学物理方法[M]. 北京：清华大学出版社，2012.
[6] 贾晓峰, 等. 微积分与数学模型[M]. 北京：高等教育出版社，2016.